# INHALT SOMMAIRE

# PFLANZEN FÜR UNSERE ZUKUNFT

*Klimawandel und Nahrungspflanzen*

## KLIMAWANDEL

Das letzte Jahrzehnt war auf der Erde das heisseste seit der vorindustriellen Zeit. Zudem lagen 2024 die globalen Temperaturen erstmals über der im Pariser Klimavertrag vereinbarten 1,5-Grad-Marke. Ein vergleichbares Temperaturniveau gab es zuletzt vor 115 000 Jahren. Hauptursache ist die wegen menschlicher Aktivitäten steigende Treibhausgaskonzentration in der Erdatmosphäre. Neben Kohlendioxid ($CO_2$) zählen Lachgas ($N_2O$) und Methan ($CH_4$) zu den bedeutendsten Klimagasen. Die Abholzung tropischer Wälder, insbesondere zur Fleisch- und Palmölproduktion, sowie Feuer haben einen grossen Anteil am Anstieg der Treibhausgase. Die Folgen des Klimawandels sind deutlich sichtbar. Extremwetterereignisse wie Überschwemmungen, Hurrikane, Hitzewellen, Dürren und Waldbrände nehmen zu.

## NAHRUNGSPFLANZEN

Vielfältige und funktionierende Ökosysteme schützen uns vor Naturkatastrophen, regulieren unser Klima, liefern saubere Luft und sauberes Wasser und bilden die Grundlage unserer Ernährung. Durch den Klimawandel sind diese Ökosystemleistungen allerdings bedroht, dies betrifft besonders auch die landwirtschaftliche Produktivität. Eine zentrale Frage ist, wie unsere Nahrungspflanzen auf die veränderten klimatischen Bedingungen reagieren.

## ROLLE DER BOTANISCHEN GÄRTEN

Die botanischen Gärten beherbergen reiche Pflanzensammlungen, dazu gehören auch Nahrungspflanzen. In der vorliegenden Broschüre werden nebst den botanischen Gärten 26 ausgewählte Arten vorgestellt, die ihren Ursprung in unterschiedlichen Klimaregionen der Erde haben.

## EDITORIAL ÉDITORIAL

*Liebe Pflanzeninteressierte*
*Chères amies et chers amis de la flore,*

Erstmals seit der vorindustriellen Zeit lagen 2024 die globalen Temperaturen über der im Pariser Klimavertrag vereinbarten 1,5-Grad-Marke. Der Klimawandel ist auf der ganzen Welt sichtbar, extreme Wetterereignisse wie Überschwemmungen, Hitzewellen und Waldbrände nehmen zu. Die vorliegende Broschüre bildet den Abschluss des dreijährigen Zyklus «Pflanzen für unsere Zukunft» und stellt nebst den 26 botanischen Gärten der Schweiz ausgewählte Nahrungspflanzen aus unterschiedlichen Klimaregionen der Erde vor. Wie reagieren sie auf die neuen klimatischen Bedingungen? Welche Vorteile bietet eine pflanzenbasierte Ernährung? Welche Zusammenhänge bestehen zwischen der Artenvielfalt, dem Klimawandel und unserer Ernährung?

Pour la première fois depuis l'ère préindustrielle, les températures mondiales ont dépassé le seuil de 1,5 degré de l'Accord de Paris sur le climat. Le changement climatique se voit dans le monde entier avec une hausse des phénomènes météorologiques extrêmes tels que les inondations, les vagues de chaleur et les incendies de forêt. Cette brochure parachève le cycle sur trois ans consacré aux «Plantes pour notre avenir» et présente, outre les 26 jardins botaniques de Suisse, une sélection de plantes alimentaires de diverses régions climatiques du globe. Comment réagissent-elles aux nouvelles conditions climatiques? Quels avantages offre une alimentation d'origine végétale? Quels sont les liens entre la biodiversité, le changement climatique et notre alimentation?

**NICOLAS FREYRE** Chefgärtner am Konservatorium und Botanischen Garten Genf, Präsident Hortus Botanicus Helveticus Jardinier-chef aux Conservatoire et Jardin botaniques de Genève, président de Hortus Botanicus Helveticus
**DR. GABRIELA S. WYSS** Leiterin Sukkulenten-Sammlung Zürich, Präsidentin Organisationskomitee BOTANICA Responsable de la Collection de plantes succulentes de Zurich, présidente du comité de pilotage de BOTANICA

*Die Heimat der Erdnuss liegt in den Anden. Seit rund zehn Jahren wird sie auch in der Schweiz kultiviert. Dank der zunehmend heissen und trockenen Sommermonate können ihre Früchte in der Erde ausreifen.*
*L'arachide est originaire des Andes. Depuis environ dix ans, elle est également cultivée en Suisse. Grâce aux mois estivaux de plus en plus chauds et secs, ses fruits peuvent mûrir dans le sol.*

# DES PLANTES POUR NOTRE AVENIR

*Changement climatique et plantes alimentaires*



### LE CHANGEMENT CLIMATIQUE

La dernière décennie a été la plus chaude depuis l'ère préindustrielle. Par ailleurs, en 2024, les températures mondiales ont pour la première fois dépassé le seuil de 1,5 degré convenu dans l'Accord de Paris sur le climat. Un tel niveau de température a été observé la dernière fois il y a 115 000 ans. La cause majeure est l'augmentation de la concentration de gaz à effet de serre dans l'atmosphère terrestre due aux activités humaines. Le déboisement des forêts tropicales, notamment pour la production de viande et d'huile de palme, et les incendies sont responsables d'une grande partie de cette évolution. Les conséquences sont bien visibles. Les événements climatiques extrêmes tels que les inondations, les ouragans, les vagues de chaleur, les sécheresses et les incendies sont en augmentation.

### LES PLANTES ALIMENTAIRES

Les écosystèmes diversifiés et fonctionnels nous protègent des catastrophes naturelles, régulent le climat, fournissent de l'air pur et de l'eau propre et constituent la base de notre alimentation. Mais ces services écosystémiques sont menacés par le changement climatique, particulièrement en agriculture. L'une des questions cruciales est de savoir comment nos cultures vivrières réagissent à l'évolution des conditions climatiques.

### LE RÔLE DES JARDINS BOTANIQUES

Les jardins botaniques abritent de riches collections de plantes, dont des plantes alimentaires. Outre les jardins botaniques, la présente brochure présente 26 espèces sélectionnées, originaires de diverses régions climatiques du monde.

*Als Anpassung an trockene Verhältnisse reichen die weissen, dünnen und verholzenden Pfahlwurzeln der Wilden Möhre bis zu 80 cm in den Boden. Sie wird als Wildgemüse geschätzt.* *Pour s'adapter aux conditions sèches, la carotte sauvage enfonce ses racines pivotantes blanches, fines et ligneuses jusqu'à 80 cm dans le sol. Elle est appréciée comme légume sauvage.*

# NAHRUNGSPFLANZEN PLANTES ALIMENTAIRES

*Geschichte und Nutzung Histoire et utilisation*

## JAGEN UND SAMMELN LES CHASSEURS-CUEILLEURS

Seit jeher nutzten die Menschen, was die Natur hergibt. In der Altsteinzeit erwirtschafteten sie sich ihre Nahrung vor allem durch die Jagd auf Wildtiere, den Fischfang sowie durch das Sammeln von wildwachsenden Pflanzen oder Kleintieren. Erkenntnisse zu ihrer Ernährung zeigen, dass überwiegend pflanzliche Nahrung gegessen wurde, während tierische Kost keine entscheidende Rolle spielte und sich häufig auf Insekten und Kleinwild als Quelle für tierisches Eiweiss beschränkte. Bei dieser Nutzungsform der Umwelt wurden die Vegetation und die natürlich vorkommende Artenzusammensetzung nicht gezielt verändert. De tout temps, les hommes ont utilisé ce que la nature leur offrait. Les chasseurs-cueilleurs du paléolithique obtenaient leur nourriture surtout par la chasse aux animaux sauvages, de la pêche et de la cueillette de plantes sauvages. Les connaissances relatives à l'alimentation montrent qu'ils mangeaient principalement des aliments végétaux. Les sources de protéines animales se limitaient souvent aux insectes et au petit gibier. Cette forme d'utilisation de l'environnement ne modifiait pas spécifiquement la végétation ni la composition des espèces présentes naturellement.

## ACKERBAU UND FRÜHE NUTZUNG LES CULTURES ET L'UTILISATION PREMIÈRE

Mit dem Ende der letzten Eiszeit veränderte sich die Lebensweise des Menschen grundlegend, er wurde sesshaft und begann damit, seine Umwelt entscheidend zu verändern. In den Tropen wurden bereits vor etwa 15 000 Jahren Nahrungspflanzen angebaut. Regelmässiger Ackerbau ermöglichte das Überleben von mehr Menschen auf derselben Fläche. Diese sogenannte neolithische Revolution setzte im «Fruchtbaren Halbmond» in Vorderasien vor über 10 000 Jahren ein. Da das Klima wärmer und feuchter wurde, gab es jahreszeitlich bedingt Pflanzen im Überfluss. Nahrungspflanzen wurden angebaut, gepflegt und gezüchtet. Somit stand immer genügend Nahrung zur Verfügung. Zu den ersten domestizierten Nahrungspflanzen gehörten in Vorderasien verschiedene Süssgräser wie Hafer, Gerste und Emmer oder die Erbse. Etwa zeitgleich erfolgte der Anbau von Reis und Soja in China, Mais in Mexiko und später der Kartoffel in den Anden. À la fin de la dernière période glaciaire, le mode de vie de l'homme a fondamentalement changé. Il est devenu sédentaire et a commencé à modifier sensiblement son environnement. Sous les tropiques, des plantes alimentaires étaient déjà cultivées il y a environ 15 000 ans, permettant la survie à un plus grand nombre de personnes avec une

même surface. Ce qu'on appelle la révolution néolithique a commencé il y a plus de 10 000 ans au Proche- et Moyen-Orient, dans le «Croissant fertile». Avec le climat devenu plus chaud et plus humide, les plantes saisonnières étaient abondantes. Les plantes alimentaires étaient cultivées, soignées, sélectionnées. La nourriture était toujours disponible en suffisance. Parmi les premières plantes alimentaires domestiquées, on trouve en Asie Mineure différentes Poacées comme l'avoine, l'orge et l'amidonnier ou encore les pois. À la même période, le riz et le soja étaient cultivés en Chine, le maïs au Mexique et, plus tard, la pomme de terre dans les Andes.



### HEUTIGE NUTZUNG L'UTILISATION ACTUELLE

Von den knapp 400 000 bisher bekannten Pflanzenarten auf der Erde gelten etwa zwei Drittel als essbar. Trotz dieser enormen Vielfalt spielen heutzutage für die menschliche Ernährung nur rund 200 Arten eine grössere Rolle. Derzeit werden mit gerade einmal 30 Pflanzenarten über 90 Prozent des aus pflanzlichen Produkten gedeckten Kalorienbedarfs der Weltbevölkerung erzeugt. Die Ernten der vier wichtigsten Nahrungspflanzen Weizen, Reis, Mais und Kartoffel decken mehr als 60 Prozent des weltweiten Energiebedarfs in der menschlichen Ernährung ab. Sur près de 400 000 espèces végétales connues à ce jour, deux tiers sont considérées comme comestibles. Malgré cette immense diversité, seules 200 espèces jouent un rôle important dans l'alimentation humaine actuelle. De nos jours, à peine 30 espèces produisent plus de 90 % des besoins en calories d'origine végétale de la population mondiale. Les récoltes des quatre plantes alimentaires principales, à savoir le blé, le riz, le maïs et la pomme de terre, couvrent plus de 60 % des besoins énergétiques de l'alimentation humaine dans le monde.

# VERWANDTE WILDARTEN DER KULTURPFLANZEN (CWR)
# ESPÈCES SAUVAGES APPARENTÉES AUX PLANTES CULTIVÉES (CWR)

*Besonderheiten der Wildpflanzen*
*Particularités des plantes sauvages*

Seit dem Beginn des Ackerbaus nutzt der Mensch wildwachsende Pflanzen, um daraus Kulturpflanzen zu züchten oder um bestehende Kulturpflanzen zu verbessern. So wurden in der Vergangenheit Getreide, Tomaten oder Hülsenfrüchte mit Genen von wilden verwandten Arten «angereichert», um resistentere oder ertragreichere Sorten zu züchten. Diese wilden Verwandten unserer Kulturpflanzen werden als CWR-Arten (engl. *crop wild relatives*) bezeichnet. Wildarten sind von Kulturarten äusserlich oft nur schwer zu unterscheiden, dennoch gibt es grosse Unterschiede. Während die Zuchtform auf einheitliche Individuen hin selektiert wurde, beinhaltet die Wildform ihre ursprüngliche genetische Vielfalt. Ihr Saatgut wird nicht gezüchtet, sondern nur vermehrt. Wildpflanzen sind aufgrund ihrer genetischen Breite und der jahrhundertelangen Anpassung an ihre Herkunftsregion besser für Klimaextreme, Nährstoffmangel und andere Herausforderungen gerüstet als Kulturformen. Durch Einkreuzung können sie etwa trockenheitsresistente Kulturformen stärken und fördern. Depuis les débuts de l'agriculture, l'homme utilise des plantes sauvages pour les cultiver ou améliorer les plantes cultivées existantes. Ainsi, les céréales, les tomates ou les légumineuses ont été «enrichies» de gènes d'espèces sauvages apparentées pour créer des variétés plus résistantes ou plus productives. Ces espèces sauvages apparentées sont désignées par l'acronyme CWR (*crop wild relatives* en anglais). Extérieurement, les espèces sauvages ne se distinguent souvent guère des espèces cultivées, pourtant les différences sont grandes. La forme cultivée a été sélectionnée pour avoir des individus uniformes, tandis que la forme sauvage contient sa diversité génétique d'origine. Ses graines ne sont pas sélectionnées mais seulement multipliées. Grâce à leur diversité génétique et leur adaptation séculaire à leur région d'origine, les plantes sauvages résistent mieux que les formes cultivées aux extrêmes climatiques, aux carences en nutriments et à d'autres défis. Par le biais de croisements, elles peuvent, par exemple, renforcer et améliorer la résistance à la sécheresse des variétés cultivées.

# KLIMAWANDEL CHANGEMENT CLIMATIQUE

*Auswirkungen in ausgewählten Regionen der Erde*
*Impacts sur certaines régions du monde*

## TROPISCHES KLIMA LE CLIMAT TROPICAL

Pages Seiten 13–15

Der Klimawandel führt nicht nur zu Extremwetterereignissen, sondern er verschiebt auch ganze Klimazonen, so etwa in den Tropen. In dieser Zone herrscht stets ein warm-feuchtes Klima. Die Tageslänge ist über das gesamte Jahr fast gleichbleibend. Die Dauer der jährlichen Regenzeit nimmt mit zunehmender Entfernung vom Äquator ab. Mit dem Klimawandel verschieben sich die Regengürtel, aber je nach Region unterschiedlich. Infolge der prognostizierten Veränderungen drohen beispielsweise in Südindien vermehrt Überschwemmungen, in Mittelamerika hingegen längere Trockenperioden. Generell breiten sich die Klimazonen in Richtung der Pole aus. Viele Nahrungspflanzen haben ihren Ursprung in den Tropen. Aufgrund des Klimawandels können sie aber in Zukunft in ihren ursprünglichen Arealen nicht mehr optimal gedeihen. Le changement climatique n'entraîne pas que des phénomènes météorologiques extrêmes. Il déplace aussi des zones climatiques entières, par exemple dans les tropiques où le climat est toujours chaud et humide et la durée du jour presque constante toute l'année. La saison des pluies annuelle raccourcit à mesure qu'on s'éloigne de l'équateur. Les ceintures de pluie se déplacent, différemment selon les régions. Ces modifications risquent, par exemple, de multiplier les inondations dans le sud de l'Inde, tandis que les sécheresses seront plus longues en Amérique centrale. Les zones climatiques s'étendent en direction des pôles. De nombreuses plantes alimentaires sont originaires des tropiques. Mais en raison du changement climatique, elles ne pourront plus prospérer de manière optimale dans leurs zones d'origine.

## GEMÄSSIGTES UND MEDITERRANES KLIMA
## LE CLIMAT TEMPÉRÉ ET MÉDITERRANÉEN

Pages Seiten 16–17

In den gemässigten Gebieten richtet sich das Klima nach den Jahreszeiten. Es gibt warme Sommer und kalte Winter mit Frost. Niederschläge fallen das ganze Jahr über, im Sommer als Regen oder Hagel, in der kalten Jahreszeit auch als Schnee. Die Auswirkungen des Klimawandels für unsere Region sind bereits deutlich spürbar: Die Sommer werden trockener, Höchsttemperaturen steigen und Starkniederschläge nehmen zu. Das mediterrane Klima zeichnet sich durch trockene, heisse Sommer und milde, regenreiche Winter aus. Durch den

Klimawandel nehmen die Temperaturextreme und Hitzewellen im Sommer markant zu. Dadurch verstärkt sich auch die Verdunstung und damit die Austrocknung des oberen Bodens und der bodennahen Luftschicht. Für den Anbau von Nahrungspflanzen bedeutet dies vor allem eine Limitierung durch Hitzestress. Dans les régions tempérées, le climat s'aligne sur les saisons: des étés chauds et des hivers froids avec des gelées. Les précipitations tombent toute l'année, en été sous forme de pluie ou de grêle, et sous forme de neige durant la saison froide. Dans notre région, les effets du changement climatique se font déjà sentir: les étés deviennent plus secs, les températures maximales sont en hausse et les fortes précipitations se multiplient. Le climat méditerranéen se caractérise par des étés secs et chauds et des hivers doux et pluvieux. Le changement climatique augmente la fréquence des températures extrêmes et des vagues de chaleur en été. L'évapotranspiration et donc l'assèchement des sols et de la couche d'air au niveau du sol se renforce. Ainsi le stress hydrique affecte et limite la culture des plantes alimentaires.

### GEBIRGSKLIMA LE CLIMAT DE MONTAGNE

Seiten Pages 18–19

Gebirge sind durch den Klimawandel überdurchschnittlich stark betroffen. Die Temperaturen stiegen in den letzten Jahrzehnten in einigen Gebirgsregionen dreimal so stark an wie im globalen Durchschnitt. Niederschläge fallen neuerdings häufiger in Form von Regen als in Form von Schnee. Die Speicherwirkung der Schneefelder schwindet, die Gletscher gehen markant zurück. So verloren etwa die Alpengletscher seit 1850 über 60 Prozent ihres Volumens, und die Gletscher der Anden haben eine so geringe Ausdehnung wie noch nie seit dem Ende der letzten Eiszeit. Les montagnes sont proportionnellement plus touchées par le changement climatique. Ces dernières décennies, les températures ont augmenté trois fois plus que la moyenne mondiale dans certaines régions de montagne. Les précipitations tombent désormais plus souvent sous forme de pluie que sous forme de neige. L'effet d'inertie thermique de la neige diminue, les glaciers reculent sensiblement dans les Alpes. Ils ont perdu plus de 60 % de leur volume depuis 1850. La superficie des glaciers des Andes n'a jamais été aussi petite depuis la fin de la dernière glaciation.

# TROPISCHES KLIMA – AMERIKAS
# CLIMAT TROPICAL – LES AMÉRIQUES

*Ganzjährig hohe Temperaturen und Niederschläge prägen das Klima im tropischen Mittel- und Südamerika.*

*Des températures et des précipitations élevées toute l'année caractérisent le climat dans les tropiques américains.*

# TROPISCHES KLIMA – AFRIKA UND ASIEN
# CLIMAT TROPICAL – AFRIQUE ET ASIE

*In den tropischen Regionen von Afrika und Asien wachsen besonders viele Pflanzenarten.*

*Les régions tropicales d'Afrique et d'Asie sont particulièrement riches en espèces végétales.*

SÜDOSTASIEN
ASIE DU SUD-EST
OSTASIEN
ASIE DE L'EST
S. 34
Colocasia esculenta
S. 134
Glycine max
S. 116
Oryza sativa

# GEMÄSSIGTES UND MEDITERRANES KLIMA

# CLIMAT TEMPÉRÉ ET MÉDITERRANÉEN

*Extreme Temperaturen fehlen, Niederschläge fallen ganzjährig oder, wie im Mittelmeergebiet, nur im Winterhalbjahr.*

*Il n'y a pas de températures extrêmes, les précipitations tombent toute l'année, ou seulement en hiver sur le pourtour méditerranéen.*

VORDERASIEN
ASIE OCCIDENTALE
EUROPA, KAUKASUS
EUROPE, CAUCASE
EURASIEN
EURASIE
S. 88
Cornus mas
S. 128
Corylus avellana
S. 66
Daucus carota
S. 50
Avena sativa

# GEBIRGSKLIMA CLIMAT DE MONTAGNE

*Tiefe Temperaturen, hohe Niederschläge, viel Wind und starke Sonneneinstrahlung erfordern spezielle Anpassungen.*

*Des températures basses, des précipitations élevées, beaucoup de vent et un fort ensoleillement exigent des adaptations.*

EURASIEN
EURASIE
S. 96
Rubus idaeus
S. 92
Vaccinium myrtillus
NORDAMERIKA, EURASIEN
AMÉRIQUE DU NORD, EURASIE
S. 120
Allium schoenoprasum
EUROPA
EUROPE
S. 62
Chenopodium bonus-henricus

## ALLES HÄNGT ZUSAMMEN TOUT EST LIÉ

*Bericht des Weltbiodiversitätsrats*
*Rapport du Conseil mondial de la biodiversité*



### VERKNÜPFUNG L'INTERDÉPENDANCE

Der 2012 gegründete Biodiversitätsrat (IPBES) ist eine Organisation der Vereinten Nationen. Er leistet wissenschaftliche Politikberatung zum Erhalt und nachhaltigen Nutzen der biologischen Vielfalt. In seinem neusten Bericht (2024) schreibt er, die grossen Krisen hingen zusammen, es bestehe eine enge Verknüpfung zwischen Artenvielfalt, Klimawandel, Wasserressourcen, Ernährung und Gesundheit. Ist eines dieser Elemente gestört, zieht dies Probleme in anderen Bereichen nach sich. Le Conseil de la biodiversité (IPBES), créé en 2012, est une organisation des Nations Unies. Il fournit des conseils politiques scientifiques sur la conservation et l'utilisation durable de la diversité biologique. Son dernier rapport (2024) explique que les grandes crises sont indissociables. Il existe un lien étroit entre la biodiversité, le changement climatique, les ressources en eau, l'alimentation et la santé. Si l'un de ces éléments est perturbé, des répercussions surviennent sur les autres domaines.

### ARTENVIELFALT LA DIVERSITÉ DES ESPÈCES

Die biologische Vielfalt nimmt in allen Regionen der Welt ab. Von den geschätzten acht Millionen Pflanzen- und Tierarten auf dem Planeten ist etwa eine Million vom Aussterben bedroht. Ursache sind häufig menschliche Aktivitäten, darunter die Umwandlung von Ökosystemen in landwirtschaftliche Flächen, die oft intensiv bewirtschaftet werden, etwa mit zu viel Düngemitteln und Pestiziden. La diversité biologique diminue dans toutes les régions du monde. On estime le nombre d'espèces de plantes et d'animaux sur la planète à quelque huit millions, dont environ un million est menacé d'extinction. Les activités humaines en sont fréquemment la cause, comme la transformation des écosystèmes en terres agricoles, souvent exploitées intensivement, par exemple avec trop d'engrais ou de pesticides.

### KLIMAWANDEL LE CHANGEMENT CLIMATIQUE

Der Klimawandel bremst die landwirtschaftliche Produktion, etwa aufgrund der Zunahme von Dürren, Starkregen oder Überschwemmungen, aber auch weil es mancherorts für den Anbau schlicht zu heiss wird. Le changement climatique freine la production agricole. L'augmentation des sécheresses, des fortes précipitations ou des inondations, pour ne donner que trois exemples, en sont la cause, mais aussi des températures trop élevées pour les cultures.

### WASSER L'EAU

80 Prozent des Wasserbedarfs der Menschheit wird für die Produktion von Nahrungsmitteln verwendet. Die Entnahme von zu grossen Wassermengen führt in Verbindung mit der Zerstörung von Feuchtgebieten zudem zu einer abnehmenden Wasserqualität. Schwinden die Wasserressourcen, geht damit allgemein auch die Widerstandsfähigkeit gegenüber dem Klimawandel zurück. In den letzten 300 Jahren wurden über 85 Prozent der Feuchtgebiete zerstört. 80 % des besoins en eau de la civilisation humaine servent à la production alimentaire. Le prélèvement de trop grandes quantités d'eau et la détérioration concomitante des zones humides entraînent par ailleurs une baisse de la qualité de l'eau. Si les ressources en eau s'amenuisent, la capacité de résilience au changement climatique diminue également. Au cours des 300 dernières années, plus de 85 % des biotopes humides ont été détruits.

### NAHRUNG L'ALIMENTATION

In den vergangenen Jahrzehnten hat die Nahrungsmittelproduktion enorm zugenommen. Gleichzeitig ist die Menschheit aber von immer weniger Pflanzen abhängig. Rund zwei Drittel des weltweiten Anbaus gehen auf nur neun Feldfrüchte zurück, darunter Weizen, Soja und Reis. Diese Monokulturen gefährden zunehmend die Artenvielfalt. Ces dernières décennies, la production alimentaire a énormément augmenté. En même temps l'humanité dépend d'un nombre de moins en moins important de plantes alimentaires. Environ deux tiers des cultures dans le monde se composent seulement de neuf cultures, dont le blé, le soja et le riz. Ces monocultures menacent de plus en plus la biodiversité.

### GESUNDHEIT LA SANTÉ

Die menschliche Gesundheit wird stark von Umweltveränderungen beeinflusst. So führt etwa eine schrumpfende Artenvielfalt zu einer eintönigeren und damit schlechteren Versorgung der Menschen mit gesunden Nahrungsmitteln. La santé humaine est largement influencée par les modifications de l'environnement. La diminution de la biodiversité entraîne, par exemple, une alimentation moins diversifiée et donc moins bonne pour la santé des hommes.

# KLIMAFREUNDLICHE ERNÄHRUNG
# ALIMENTATION RESPECTUEUSE DU CLIMAT
*Situation und Vorteile Situation et avantages*

### PRODUKTION VON FLEISCH LA PRODUCTION DE VIANDE

Rund 80 Prozent der weltweit verfügbaren landwirtschaftlichen Nutzfläche dient der Viehwirtschaft, entweder direkt als Weidefläche oder zur Produktion von Viehfutter. Dennoch liefert die fleischliche Nahrung weniger als 20 Prozent der weltweit benötigten Kalorien und kaum 40 Prozent der Proteine. Neue landwirtschaftliche Flächen entstehen vor allem durch die Abholzung von Wäldern. Dabei entfallen etwa zwei Drittel der gesamten Entwaldung weltweit auf die Tropen und Subtropen. Indes haben tropische Regenwälder eine besondere Bedeutung. Sie speichern aufgrund des hohen Vorrats an Biomasse 50 Prozent mehr Kohlenstoff als Wälder ausserhalb der Tropen. Beim Roden von Regenwäldern wird ein Grossteil des Kohlenstoffs als Kohlendioxid freigesetzt. Der derzeitige rapide Waldverlust trägt daher massgeblich zum Klimawandel bei. Rund 15 Prozent der weltweiten Treibhausgasemissionen stammen aus der Vernichtung von Wäldern. Im Gegensatz zu Massentierhaltung macht eine naturnahe Viehwirtschaft durchaus Sinn. So fördert extensive Graslandnutzung die Artenvielfalt in Magerwiesen, Trockenweiden, Flachmooren und Feuchtwiesen. Zudem speichert extensive Beweidung eine signifikante Menge $CO_2$ im Boden. Environ 80 % de la superficie agricole disponible dans le monde sont utilisés pour l'élevage, directement comme pâturage ou pour la production de fourrage pour le bétail. Pourtant, l'alimentation carnée constitue moins de 20 % des calories et à peine 40 % des protéines nécessaires au niveau mondial. De nouvelles terres agricoles sont créées notamment par la déforestation, dont environ deux tiers ont lieu dans les régions tropicales et subtropicales. Les forêts tropicales humides ont pourtant une importance particulière en tant que réserve de biomasse. Elles stockent 50 % de carbone de plus que les forêts hors de ces régions. Lors des défrichements, une grande partie du carbone est libérée sous forme de gaz carbonique. La perte actuelle rapide des forêts contribue donc dans une mesure non négligeable au changement climatique. Environ 15 % des émissions mondiales de gaz à effet de serre proviennent de la destruction des forêts. L'élevage, s'il n'est pas de masse mais respectueux de la nature, fait pourtant sens. L'utilisation extensive des prairies favorise la biodiversité dans les prairies maigres, les pâturages secs, les bas-marais et les prairies humides. De plus, la pâture extensive permet de stocker une quantité considérable de $CO_2$ dans le sol.

#### PFLANZLICHE ERNÄHRUNG L'ALIMENTATION À BASE DE PLANTES

Pflanzliche Ernährung zieht rund 40 Prozent weniger $CO_2$-Emissionen nach sich als tierische. Sie schont nicht nur die Umwelt und das Klima, sondern ist für die menschliche Gesundheit auch besser als Fleisch aus Massenproduktion. Viele pflanzliche Nahrungsmittel haben einen hohen Nährwert. Ihre Produktion kann allerdings auch negative Auswirkungen haben, etwa einen hohen Wasserverbrauch oder die Verschandelung der Landschaft durch Gewächshausanlagen. L'empreinte carbone de l'alimentation végétale est 40 % moins grande que celle de l'alimentation carnée. L'alimentation végétale ménage donc l'environnement et le climat. De plus, les plantes sont meilleures pour la santé humaine que la viande issue de la production de masse. Beaucoup d'aliments d'origine végétale ont une valeur nutritionnelle élevée. Leur production peut, elle aussi, avoir des effets négatifs, comme une forte consommation d'eau ou la dégradation du paysage par l'installation de serres.

#### REGIONALER UND SAISONALER ANBAU LES CULTURES RÉGIONALES ET DE SAISON

Die Vorteile eines regionalen und saisonalen Anbaus von Nahrungspflanzen liegen auf der Hand: Die Produkte sind oft frischer, sind weniger verarbeitet und enthalten in der Regel weniger Zusatzstoffe. Zudem sind die Transportwege kurz. Dank der Produktion vor Ort bleibt die Wertschöpfung in der Region und sichert Arbeitsplätze in der lokalen Wirtschaft. Les avantages consistant à cultiver des plantes alimentaires localement et de saison sautent aux yeux: les produits sont souvent frais, moins transformés et contiennent d'ordinaire moins d'additifs. En outre, les parcours de transport sont courts et, grâce à la production sur place, la valeur ajoutée reste dans la région et favorise des emplois dans l'économie locale.

Die Sojabohne stammt ursprünglich aus Ostasien. In der Schweiz werden seit über 40 Jahren gentechnisch nicht modifizierte Sorten angebaut.
Le soja est originaire d'Asie orientale. En Suisse, des variétés non modifiées génétiquement sont cultivées depuis plus de 40 ans.

*Ob in den grossen Städten, in den Alpen oder am Zürichsee, botanische Gärten der Deutschschweiz sind Oasen der Vielfalt.*

*Situés en ville, au cœur des Alpes ou encore au bord d'un lac, les jardins botaniques de Suisse alémanique sont des merveilles de biodiversité.*

# GÄRTEN JARDINS
## *Deutschschweiz*

# AROSA
## *Alpengarten*

*Oberhalb von Arosa, auf 1850 m ü. M. am Rande des Hochplateaus von Maran, befindet sich eine Versuchsstation von Agroscope. Das Kompetenzzentrum für landwirtschaftliche Forschung betreibt dort neben verschiedenen Versuchsfeldern den Alpengarten Arosa, der 1932 angelegt wurde. Er umfasst auf einer Fläche von 1000 m² rund 500 einheimische Pflanzenarten. Diese werden sowohl in den häufigsten Lebensräumen der subalpinen und alpinen Stufen der Region als auch in sechs verschiedenen Gesteinsbeeten vorgestellt. Daneben präsentiert ein Schaugarten über 100 Kartoffelsorten.*
*Au-dessus d'Arosa, au bord du haut plateau de Maran, à 1850 mètres d'altitude, ce centre de compétence pour la recherche agronomique exploite différentes parcelles d'essais, de même que le Jardin alpin d'Arosa datant de 1932. Sur 1000 m², ce jardin présente quelque 500 espèces végétales indigènes non seulement dans leurs milieux les plus fréquents des étages alpins et subalpins de la région, mais aussi dans six massifs composés de différentes roches. Une autre partie du jardin est vouée à la diversité des pommes de terre avec plus de 100 variétés.*



**AROSA** ALPENGARTEN
Arosa Tourismus
Sport- und Kongresszentrum
7050 Arosa
081 378 70 20
www.alpengarten.agroscope.ch

## SOLANUM TUBEROSUM

*Kartoffel*

*Pomme de terre*

Die Heimat der Kartoffel liegt in den Anden. Ihre Domestizierung begann vor rund 8000 Jahren in Peru. Im 16. Jahrhundert brachten spanische Eroberer das Nachtschattengewächs nach Europa. In der Schweiz tauchte die Kartoffel erstmals um 1590 mit Söldnern auf und wurde darauf auch im Botanischen Garten Basel kultiviert. Caspar Bauhin, der Gründer des Gartens, verfasste die erste wissenschaftliche Beschreibung der neuen Pflanzenart. Aufgrund ihrer Giftigkeit war sie zuerst nur eine attraktive Zierpflanze, erst rund 100 Jahre später erkannte man die Bedeutung ihrer stärkereichen Knollen.

Heute sind Kartoffeln in der Landwirtschaft mit ihren dichten Feldbeständen von Schädlingen, aber auch durch die zunehmende Trockenheit bedroht. Züchtungen von robusten Sorten sollen einen Schutz bieten. Dabei spielen die verwandten Wildarten dank ihrer grossen genetischen Variabilität eine zentrale Rolle. Allein in den Anden werden rund 5000 verschiedene Kartoffelsorten kultiviert.

La pomme de terre est originaire des Andes. Elle est cultivée au Pérou depuis 8000 ans. Les conquérants espagnols ont introduit cette Solanacée en Europe au XVIe siècle. En Suisse, la pomme de terre est apparue vers 1590, apportée par des mercenaires, puis a été cultivée au Jardin botanique de Bâle. Caspar Bauhin, fondateur du jardin, a rédigé la première description scientifique de cette nouvelle espèce. En raison de sa toxicité, elle n'a d'abord été plantée qu'à des fins ornementales. L'importance de ses tubercules riches en amidon n'a été reconnue qu'une centaine d'années plus tard.

Aujourd'hui, les pommes de terre densément cultivées sont menacées par des ravageurs et des sécheresses accrues. La sélection de variétés robustes doit offrir une protection. Les espèces sauvages apparentées y jouent un rôle crucial avec leur grande variabilité génétique. Rien que dans les Andes, environ 5000 variétés de pommes de terre différentes sont cultivées.

**HERKUNFT** *Anden*
**ORIGINE** *Andes*

**WÄCHST IN FOLGENDEN GÄRTEN**
**CROÎT DANS LES JARDINS SUIVANTS**
Arosa | Fribourg | Neuchâtel

**SOLANACEAE**

**PFLANZENFAMILIE** *Nachtschattengewächse*

**FAMILLE BOTANIQUE** *Solanacées*

# **BASEL** *Botanischer Garten der Universität*

*Der älteste botanische Garten der Schweiz wurde 1589 von Caspar Bauhin gegründet. Nach drei Verlegungen fand er 1898 seinen heutigen Standort beim Spalentor. Aus dieser Zeit stammt auch das historische Viktoriahaus. Die vielfältige Pflanzensammlung mit rund 7000 Arten dient der Forschung, der Lehre und dem Artenschutz, steht aber auch einem breiten Publikum als grüne Oase mitten in der Stadt zur Verfügung. Nebst dem Viktoriahaus faszinieren die Orchideen- und Sukkulentensammlungen sowie die kleinräumige Freilandanlage mit den markanten Bäumen. Das im Mai 2023 neu eröffnete Tropenhaus und das einzigartige Nebelwaldhaus laden ein zu einem Ausflug in die Basler Tropen.*

*Le plus ancien jardin botanique de Suisse fut créé par Caspar Bauhin en 1589. Après trois déplacements, le jardin a trouvé en 1898 son site actuel au Spalentor. C'est de cette époque aussi que date la serre victorienne. La collection variée avec 7000 espèces sert non seulement à la recherche, à l'enseignement et à la protection des espèces, mais offre à un large public une belle oasis verte en pleine ville. Quelques particularités intéressantes: la serre victorienne, une grande collection d'orchidées, les cactées et le parc extérieur avec de superbes grands arbres. Réouvertes en mai 2023, la nouvelle serre tropicale et la serre des forêts de nuage invitent à découvrir les «Tropiques bâloises».*

**BASEL** BOTANISCHER GARTEN DER UNIVERSITÄT
Spalengraben 8
4051 Basel
061 207 35 19
www.botgarten.unibas.ch

botanischergartenbasel
bgunibasel

## COLOCASIA ESCULENTA

*Taro*

*Taro*

Seit über 7000 Jahren wird der Taro in Südostasien kultiviert. Heute ist er in tropischen Ländern eines der wichtigsten Grundnahrungsmittel. Die immergrüne, ausdauernde und bis 1,5 m hohe Pflanze bildet nebst riesigen Blättern auch unterirdische Sprossknollen. Diese enthalten bis zu 25 Prozent Stärke sowie Mineralien und Vitamine, aber auch Oxalatkristalle, die beim Verzehr die Schleimhäute reizen und Schwellungen verursachen. Daher werden die giftigen Knollen vor dem Essen gedünstet, gekocht oder gebraten. Sie haben einen milden, leicht nussigen Geschmack und lassen sich wie Kartoffeln als Gemüse, Brei oder auch frittiert zubereiten.

In den Tropen führt der Klimawandel nebst einer Veränderung der Temperaturen und des Niederschlags auch zu einer Zunahme von Pflanzenkrankheiten. Dies wurde beispielsweise in Westafrika bei der Taro-Blattfäule *(Phytophthora colocasiae)* festgestellt. Dieser Pilz kann die Wirtspflanze so stark schädigen, dass es zu einem Totalausfall der Ernte kommt.

Depuis plus de 7000 ans, le taro est cultivé en Asie du Sud-Est. Aujourd'hui, il est l'un des aliments de base des pays tropicaux. Cette plante vivace au feuillage persistant peut atteindre 1,5 m de haut. Outre d'énormes feuilles, elle produit des tubercules souterrains. Ceux-ci contiennent jusqu'à 25 % d'amidon ainsi que des minéraux et des vitamines, mais aussi des cristaux d'oxalate irritant les muqueuses et provoquant des inflammations. Les tubercules toxiques doivent être cuits à la vapeur, bouillis ou frits avant consommation. Ils ont un léger goût de noisette, doux, et sont préparés comme les pommes de terre sous forme de légumes, de purée ou même frits.

Sous les tropiques, le changement climatique conduit à une modification des températures et des précipitations, ainsi qu'à une hausse des maladies, déjà constatée, par exemple, en Afrique de l'Ouest avec le mildiou du taro *(Phytophthora colocasiae)*. Ce champignon peut endommager la plante hôte et faire perdre toute la récolte.

**HERKUNFT** *Südostasien*
**ORIGINE** *Asie du Sud-Est*

**WÄCHST IN FOLGENDEN GÄRTEN**
**CROÎT DANS LES JARDINS SUIVANTS**

Basel | Bern | Fribourg | Kerzers
Isole di Brissago | Neuchâtel | Porrentruy
Wädenswil

**ARACEAE**

**PFLANZENFAMILIE** *Aronstabgewächse*

**FAMILLE BOTANIQUE** *Aracées*

# BASEL
## *Merian Gärten*

*Der Grundstein für die Merian Gärten wurde vor rund 200 Jahren gelegt, als Christoph und Margaretha Merian zur Hochzeit ein Grundstück vor den Toren von Basel geschenkt bekamen. Aus dem landwirtschaftlichen Betrieb mit Herrschaftshaus und englischem Landschaftsgarten entwickelte sich ein öffentlicher Garten in der Stadt mit aussergewöhnlichen botanischen Sammlungen. Heute pflegen die Merian Gärten rund 7000 verschiedene Pflanzenarten und -sorten. Dazu zählen beispielsweise etwa 1800 historische Iris-Varietäten und weitere wissenschaftlich geführte Zierpflanzensammlungen, aber auch naturnahe Trockenwiesen, Hecken und Gewässer mit einer reichen einheimischen Flora. Die Merian Gärten sind eine Institution der Christoph Merian Stiftung.*
*Les bases des Jardins Merian ont été jetées il y 200 ans lorsque Christoph et Margaretha Merian ont reçu en cadeau de mariage une parcelle aux abords de la ville de Bâle. Exploitation agricole à l'origine, le domaine s'est transformé en un jardin paysager anglais avec une collection botanique exceptionnelle, qui compte aujourd'hui quelque 7000 espèces et variétés de plantes. On y trouve, par exemple, près de 1800 variétés historiques d'iris ainsi que d'autres collections scientifiques de plantes ornementales, mais aussi des prairies maigres, des haies et des plans d'eau inspirés par la nature et riches en plantes indigènes. Les Jardins Merian sont une institution de la Fondation Christoph Merian.*

**BASEL** MERIAN GÄRTEN
Vorder Brüglingen 5
4052 Basel
061 319 97 80
www.meriangaerten.ch

## VIGNA UNGUICULATA
*Augenbohne*
*Niébé*

Zur Familie der Schmetterlingsblütler gehören zahlreiche Arten, die als Bohnen bezeichnet werden. Dazu zählt auch die Augenbohne. Sie stammt aus Afrika, wo ihre Kultivierung bereits vor über 4000 Jahren begann. Heute wird sie in tropischen Ländern weltweit in vielen Sorten als Gemüsepflanze angebaut. Ihr Habitus ist sehr variabel und reicht von niederliegend über aufrecht bis kletternd. Die Blätter sind dreiteilig und die Blütenfarbe ist weisslich, gelb oder violett. Während die bleistiftförmigen Hülsen der Wildformen eher kurz sind, werden sie bei einigen kultivierten Sorten über 1 m lang. Die Samen sind reich an Eiweiss, Stärke und Vitaminen.

Mit ihren bis zu 2,4 m langen Pfahlwurzeln erreichen Augenbohnen auch Wasser aus tieferen Erdschichten. Sie gedeihen gut auf nährstoffarmen Böden, da sie über stickstoffbindende Knöllchenbakterien an ihren Wurzeln verfügen. Kühle Temperaturen behagen ihr aber nicht, daher wird sie bei uns im Freiland nur vereinzelt angebaut.

De nombreuses espèces appelées haricots composent la famille des Fabacées. Le niébé en fait partie. Il provient d'Afrique, où sa culture a commencé il y a plus de 4000 ans. Aujourd'hui, les pays tropicaux du monde entier en cultivent de nombreuses variétés en tant que légume. Plante couchée, dressée, voire grimpante, son habitus est très variable. Les feuilles ont trois lobes. Les fleurs sont blanchâtres, jaunes ou violettes. Les gousses en forme de crayon des formes sauvages sont plutôt courtes, mais celles de certaines variétés cultivées atteignent plus de 1 m. Les graines sont riches en protéines, en amidon et en vitamines.

Les racines pivotantes peuvent mesurer 2,4 m de long et permettent au niébé d'atteindre l'eau des couches plus profondes. Le niébé prospère bien sur les sols pauvres en nutriments grâce aux bactéries des nodules fixant l'azote sur ses racines. Il n'apprécie pas les températures fraîches et n'est cultivé en plein air que rarement chez nous.

**HERKUNFT** *Afrika*
**ORIGINE** *Afrique*

**WÄCHST IN FOLGENDEN GÄRTEN**
**CROÎT DANS LES JARDINS SUIVANTS**
Merian Gärten | Genève | Neuchâtel | St. Gallen | Zürich

**FABACEAE**

**PFLANZENFAMILIE** *Schmetterlingsblütler*

**FAMILLE BOTANIQUE** *Fabacées*

# **BERN** *Botanischer Garten der Universität*

*Der erste botanische Garten von Bern geht zurück auf das Jahr 1789. Nach mehreren Umzügen entstand 1859 am Altenbergrain, direkt an der Aare, der heutige Botanische Garten der Universität. Auf 2,5 ha gedeihen rund 6000 Pflanzenarten. Diese lebendige Sammlung ist in über 60 Bereiche aufgeteilt, und zwar nach Lebensräumen, Geographie, Ökologie, Systematik und Nutzung durch den Menschen. Äusserst attraktiv sind die 150-jährigen Bäume, das Alpinum, der Heilpflanzengarten, das Steppenhaus und das 2022 neu eröffnete Gondwanahaus mit Pflanzen aus allen Kontinenten der Südhemisphäre.*

*Fondé en 1789, le premier jardin botanique de Berne a déménagé plusieurs fois. Situé à l'Altenbergrain sur les bords de l'Aar, l'actuel Jardin botanique de l'Université date de 1859 et abrite sur 2,5 ha quelque 6000 espèces de plantes. Sa collection est divisée en plus de 60 zones selon différents critères: milieux, aspects géographiques, facteurs écologiques, systématique et utilité pour les humains. On y trouve des éléments très intéressants: des arbres de 150 ans, le jardin alpin, le jardin médicinal, la serre consacrée à la flore des steppes et la maison Gondwana ouverte en 2022 avec ses plantes de tous les continents de l'hémisphère Sud.*

**BERN** BOTANISCHER GARTEN DER UNIVERSITÄT
Altenbergrain 21
3013 Bern
031 684 49 45
www.boga.unibe.ch

Facebook: BOGA.Bern
Instagram: BOGA.Bern

## TRAGOPOGON PORRIFOLIUS

*Haferwurzel*

*Salsifis cultivé*

Ursprünglich stammt die Haferwurzel aus dem Mittelmeergebiet, wo sie an Wegrändern und trockenen Standorten wächst. Bereits in der Antike wurde sie als Wurzelgemüse genutzt. Der Korbblütler ist eng mit dem einheimischen Wiesen-Bocksbart *(Tragopogon pratensis)* verwandt, die Zungenblüten sind aber nicht gelb, sondern purpurviolett. Zudem bildet sie eine bis zu 30 cm lange, milchsafthaltige, essbare Pfahlwurzel. Diese ist reich an Mineralien, Vitaminen und Inulin, was sie auch für Zuckerkranke bekömmlich macht. Beim Kochen verströmt die süsslich-aromatische Wurzel einen leichten Austernduft. Junge Blätter lassen sich als Salat oder Spinat zubereiten.

In Mitteleuropa erfolgte die Kultivierung der Haferwurzel erst ab dem 16. Jahrhundert. Später wurde sie aber von der qualitativ besseren und ähnlich schmeckenden Garten-Schwarzwurzel *(Scorzonera hispanica)* verdrängt. Heutzutage wird die pflegeleichte Haferwurzel in den Gärten wieder vermehrt angebaut.

Le salsifis cultivé est originaire du bassin méditerranéen où il pousse au bord des chemins et dans les endroits secs. Il était utilisé comme légume-racine déjà durant l'Antiquité. Cette Astéracée est étroitement apparentée au salsifis des prés *(Tragopogon pratensis)*, mais ses fleurs ligulées sont violettes et non pas jaunes. Elle forme en outre une longue racine pivotante comestible pouvant atteindre 30 cm de long. Elle contient une sève laiteuse riche en minéraux, vitamines et inuline, raison pour laquelle elle convient également aux régimes pour diabétiques. Cuite, cette racine douce et aromatique dégage un léger parfum d'huître. Les jeunes feuilles peuvent être préparées en salade ou en épinards.

En Europe centrale, la culture de salsifis cultivé n'est apparue qu'au XVI$^{e}$ siècle. Puis elle a été supplantée par la scorsonère *(Scorzonera hispanica)* de meilleure qualité et au goût similaire. De nos jours, le salsifis cultivé, facile à entretenir, est à nouveau cultivé dans les jardins.

**HERKUNFT** *Mittelmeergebiet*

**ORIGINE** *Bassin méditerranéen*

**WÄCHST IN FOLGENDEN GÄRTEN**

**CROÎT DANS LES JARDINS SUIVANTS**

Merian Gärten | Bern | Davos | Fribourg | Genève | Porrentruy | St. Gallen | Zürich | Sukkulenten-Sammlung

**ASTERACEAE**

**PFLANZENFAMILIE** *Korbblütler*

**FAMILLE BOTANIQUE** *Astéracées*

BERGHOTEL SCHATZALP

# **DAVOS** *Botanischer Garten Alpinum Schatzalp*

*Der erste botanische Garten auf der Schatzalp oberhalb Davos, damals «Alpineum» genannt, wurde 1907 angelegt. Zu jener Zeit war das Jugendstilhotel Schatzalp ein Sanatorium für Tuberkulosekranke. Mit dem Ende der Ära der Sanatorien in den 1950er-Jahren verwilderte die Anlage, die Schatzalp wurde zu einem Hotel umgebaut. 1972 gelang die Neugründung des botanischen Gartens. Auf rund 5 ha gedeihen über 5000 Pflanzenarten und Sorten aus aller Welt. Dazu zählen typische Alpenpflanzen wie Enziane, Glockenblumen und die grösste Edelweiss-Sammlung der Welt.*

*De son ancien nom «Alpineum», le premier jardin botanique à la Schatzalp au-dessus de Davos fut fondé en 1907. L'hôtel Schatzalp était alors un sanatorium pour les personnes souffrant de tuberculose. Avec le déclin des sanatoriums dès 1950, l'établissement fut transformé en hôtel et son jardin voué à l'abandon. Relancé avec succès en 1972, le jardin botanique abrite sur 5 ha plus de 5000 espèces et variétés de plantes du monde entier. On y trouve des plantes alpines typiques comme les gentianes, les campanules et la plus vaste collection d'edelweiss au monde.*

**DAVOS** BOTANISCHER GARTEN
ALPINUM SCHATZALP
Bobbahnstrasse 23
7270 Davos Platz
081 415 51 51
www.alpinum.ch
www.schatzalp.ch

Facebook: alpinumschatzalp
Instagram: alpinumschatzalp

## RHEUM RHABARBARUM

*Gemeiner Rhabarber*

*Rhubarbe des jardins*

Der wissenschaftliche Name des Gemeinen Rhabarbers setzt sich aus *rheum* für Wurzel und *barbarum* für fremd, «barbarisch» zusammen. Dies deutet auf die von Europa weit entfernte Herkunft, die von Südostsibirien über China bis in die Mongolei reicht. Im 18. Jahrhundert gelangte die Wildform nach Mitteleuropa und wurde zuerst medizinisch eingesetzt. Dank Züchtungen mit nah verwandten Arten gelangte das Knöterichgewächs in die Gärten. Seine säuerlichen Blattstiele sind nicht nur kulinarisch vielseitig verwendbar, sondern auch gesund und vitaminreich, roh und unreif sind sie aber schwach giftig.

Die bis 1,5 m hohe, ausdauernde Pflanze bildet eindrückliche rundliche Blätter und sehr grosse, rispige Blütenstände mit bis zu 500 Einzelblüten. Der Klimawandel macht sich beim Anbau bemerkbar. Aufgrund der milden Winter treibt der Rhabarber schon zeitig im Frühjahr aus, dies erhöht die Gefahr von Schäden bei Spätfrösten. Zudem leiden die Pflanzen unter längeren Hitzeperioden im Sommer.

Le nom scientifique de la rhubarbe des jardins se compose de *rheum* pour racine et *barbarum* pour étranger ou «barbare», indiquant son origine très éloignée de l'Europe, du sud-est de la Sibérie à la Mongolie en passant par la Chine. Au XVIIIe siècle, la forme sauvage est arrivée en Europe centrale et fut d'abord utilisée en médecine. Grâce à des sélections avec des espèces voisines, cette Polygonacée s'est retrouvée dans les jardins. Ses pétioles acidulés sont utilisés en cuisine, sains et riches en vitamines, même s'ils sont légèrement toxiques crus ou non mûrs.

Cette plante vivace peut atteindre 1,5 m de haut et forme d'impressionnantes feuilles arrondies et de grandes inflorescences en panicules pouvant atteindre 500 fleurs. Sa culture est affectée par le changement climatique. Avec des hivers doux, la rhubarbe bourgeonne très tôt au printemps, ce qui augmente le risque de dégâts en cas de gelées tardives. Les plantes souffrent en outre de périodes de chaleur plus longues en été.

**HERKUNFT** *Ostasien*

**ORIGINE** *Asie de l'Est*

**WÄCHST IN FOLGENDEN GÄRTEN**

**CROÎT DANS LES JARDINS SUIVANTS**

Merian Gärten | Bern | Davos | Fribourg | Genève | Lausanne | Porrentruy | Zürich

**POLYGONACEAE**

**PFLANZENFAMILIE** *Knöterichgewächse*

**FAMILLE BOTANIQUE** *Polygonacées*

# ERSCHMATT
## *Sortengarten*

*Der 1985 gegründete Sortengarten Erschmatt liegt in einer Terrassenlandschaft oberhalb des Dorfes. Auf einer Fläche von rund 10 a bietet er alten Kulturpflanzen eine Heimat, die sonst nur noch selten angepflanzt werden, aber zum Schutz der biologischen Vielfalt erhaltenswert sind. Nebst der Präsentation von alten Getreidesorten werden auch seltene Ackerbegleitpflanzen vorgestellt. Der Sortengarten vermittelt mit Kursen und einem Museum die Walliser Vielfalt und Tradition und setzt sich für die Erhaltung des immateriellen Kulturgutes ein.*

*Fondé en 1985, le Jardin botanique d'Erschmatt se situe dans un paysage de terrasses au-dessus du village. Une surface de 10 a abrite des anciennes variétés de plantes cultivées qui ne sont plus très utilisées, mais qu'il s'agit de préserver pour sauvegarder la diversité biologique. On y trouve non seulement des anciennes variétés de céréales, mais aussi des plantes adventices rares. Avec son offre de cours et son Musée de la diversité et de la tradition valaisannes, le jardin s'engage aussi pour la sauvegarde de biens culturels non matériels.*



**ERSCHMATT** SORTENGARTEN
Kreuzstrasse 15
3957 Erschmatt
027 932 15 19
www.erschmatt.ch

SortengartenErschmatt

## AVENA SATIVA
*Saat-Hafer*
*Avoine cultivée*

Die ältesten Nachweise von wilden Haferkörnern sind über 11 000 Jahre alt und stammen aus einem Getreidespeicher im Jordantal. Im «Fruchtbaren Halbmond» des Nahen Ostens befindet sich denn auch der Ursprung des Wild-Hafers, aus dem sich der Saat-Hafer entwickelte. In der Schweiz haben Pfahlbauer bereits in der Bronzezeit Hafer angebaut. Das einjährige Süssgras wird bis zu 1,5 m gross. Der Blütenstand ist eine lockere Rispe und besteht aus vielen Ährchen mit jeweils 2 bis 3 windbestäubten Blüten. Da das Haferkorn zum Verzehr nicht geschält wird, enthält es viele Vitamine, Mineral- und Ballaststoffe. Das Vollkornprodukt wird vor allem als Tierfutter, aber auch als Nahrungsmittel verwendet, in Form von Haferflocken oder zu Hafermilch verarbeitet. Saat-Hafer wird weltweit in Gebieten mit einem gemässigten Klima und genügend Niederschlägen angebaut. Er wächst gut auf schweren Böden, ist aber frostempfindlich und wird deshalb bei uns im Frühjahr gesät und als Sommerfrucht kultiviert.

La plus ancienne trace de grains d'avoine sauvage date de plus de 11 000 ans et provient d'un grenier de la vallée du Jourdain. Le «Croissant fertile» du Proche-Orient est le point d'origine de l'avoine sauvage, de laquelle s'est développée l'avoine cultivée. En Suisse, les lacustres cultivaient déjà l'avoine à l'âge du bronze. Cette graminée annuelle peut atteindre 1,5 m de haut. L'inflorescence est une panicule lâche avec de nombreux épillets portant chacun 2 à 3 fleurs pollinisées par le vent. Non décortiqué, le grain d'avoine contient beaucoup de vitamines, de minéraux et de fibres. Il est surtout utilisé pour l'alimentation animale, mais aussi pour l'homme sous forme de flocons ou transformé en lait d'avoine. L'avoine cultivée est présente dans toutes les régions au climat tempéré et aux précipitations suffisantes. Elle pousse bien sur les sols lourds, mais elle est sensible au gel. Elle est donc semée chez nous au printemps et cultivée durant l'été.

**HERKUNFT** *Vorderasien*
**ORIGINE** *Asie occidentale*

**WÄCHST IN FOLGENDEN GÄRTEN**
**CROÎT DANS LES JARDINS SUIVANTS**
Bern | Erschmatt | Fribourg | Wädenswil

**POACEAE**

**PFLANZENFAMILIE** *Süssgräser*

**FAMILLE BOTANIQUE** *Poacées*

# GRÜNINGEN
## *Botanischer Garten*

*Der Botanische Garten Grüningen wurde 1961 etwas ausserhalb des Siedlungsgebietes auf einem Endmoränenhügel des ehemaligen Linthgletschers angelegt. Auf 1,7 ha finden sich rund 3000 Arten und Sorten. Nebst beliebten Gartenpflanzen und einheimischen Arten werden auch seltene und exotische Bäume, Zwergsträucher und Stauden aus der ganzen Welt präsentiert. Im 2012 neu eröffneten Gewächshaus gedeihen tropische und subtropische Nutz- und Zierpflanzen sowie viele Begonienarten.*

*Fondé en 1961, le Jardin botanique de Grüningen se situe sur une colline de moraine frontale de l'ancien glacier de la Linth, non loin de l'agglomération. Quelque 3000 espèces et variétés sont réunies sur 1,7 ha. Le jardin compte non seulement des variétés horticoles et des espèces indigènes appréciées, mais aussi des essences ligneuses, des buissons nains et des plantes vivaces exotiques du monde entier. La serre inaugurée en 2012 abrite des plantes utiles et ornementales tropicales et subtropicales, et un grand nombre d'espèces de bégonias.*

**GRÜNINGEN** BOTANISCHER GARTEN
Im Eichholz 1
8627 Grüningen
044 935 19 22
www.botanischer-garten.ch

bggrueningen
botanischergartengrueningen

## PISUM SATIVUM

*Erbse*

*Pois cultivé*

Mitte des 19. Jahrhunderts führte der österreichische Priester Gregor Mendel Vererbungsexperimente mit etwa 28 000 Erbsenpflanzen durch und formulierte daraus die nach ihm benannten «Mendelschen Regeln», die zur Grundlage der modernen Genetik wurden. Bei der Erbse handelt es sich um eine der ältesten Nutzpflanzen. Ihre Wildformen stammen aus dem Nahen Osten und dem Mittelmeergebiet, ihr Anbau ist seit rund 10 000 Jahren durch archäologische Funde belegt. Mithilfe der Blattranken kann die einjährige Kletterpflanze an anderen Pflanzen emporwachsen. Die weissen oder purpurnen Blüten sind meist selbstbestäubt. Ihre aufgeblähten Hülsen enthalten 4 bis 10 Samen; die eiweissreichen Erbsen werden gegessen oder als Futtermittel verwendet.

Der Schmetterlingsblütler kann dank der Knöllchenbakterien Stickstoff aus der Luft fixieren und so den Boden düngen. Erbsen sind relativ trockenheitstolerant, ertragen leichte Fröste und werden weltweit in warmgemässigten Klimaregionen angebaut.

Au milieu du XIXe siècle, le prêtre autrichien Gregor Mendel a mené des expériences sur l'hérédité avec environ 28 000 plantes de pois et a énoncé les «lois de Mendel», bases de la génétique moderne. Les pois sont l'une des plus anciennes plantes cultivées. Leurs formes sauvages proviennent du Proche-Orient et du bassin méditerranéen, et des découvertes archéologiques témoignent de leur culture depuis environ 10 000 ans. Avec ses vrilles, cette plante grimpante annuelle peut s'accrocher à d'autres plantes. Les fleurs blanches ou pourpres sont généralement autofécondes. Les cosses gonflées contiennent 4 à 10 graines ou pois qui sont riches en protéines et consommés ou utilisés pour l'alimentation des animaux.

Cette Fabacée peut fixer l'azote de l'air et fertiliser ainsi le sol grâce aux bactéries des nodosités. Les pois sont relativement tolérants à la sécheresse, supportent de légers gels et sont cultivés dans les régions chaudes et tempérées du monde entier.

**HERKUNFT** *Mittelmeergebiet, Vorderasien*
**ORIGINE** *Bassin méditerranéen, Asie occidentale*

**WÄCHST IN FOLGENDEN GÄRTEN**
**CROÎT DANS LES JARDINS SUIVANTS**
Arosa | Merian Gärten | Erschmatt | Fribourg | Genève | Grüningen | St. Gallen | Wädenswil | Zürich

**FABACEAE**

**PFLANZENFAMILIE** *Schmetterlingsblütler*

**FAMILLE BOTANIQUE** *Fabacées*

# KERZERS
## *Papiliorama*

*Das Papiliorama wurde 1988 in Marin eröffnet und siedelte 15 Jahre später nach Kerzers um. Kernthema der Stiftung ist die Biodiversität und deren Schutz. Der Tropengarten Papiliorama mit rund 120 Pflanzenarten widmet sich vor allem den rund 1000 freifliegenden Schmetterlingen. «Jungle Trek», eine Kopie des Papiliorama-Reservats in Belize, ermöglicht einen Spaziergang in einem echten Tropenwald mit 150 Pflanzenarten. Im Aussenbereich mit rund 400 einheimischen Pflanzenarten dreht sich alles um die einheimische Flora und Fauna.*

*Le Papiliorama a ouvert ses portes à Marin en 1988, avant de déménager 15 ans plus tard à Chiètres. La fondation a pour but de faire connaître la biodiversité et de promouvoir sa protection. La coupole du Papiliorama héberge un jardin tropical avec plus de 120 espèces de plantes, où virevoltent plus d'un millier de papillons librement autour des visiteurs. Copie authentique de la réserve naturelle du Papiliorama au Belize, le Jungle Trek offre une randonnée dans une véritable forêt tropicale avec 150 espèces de plantes. Les espaces extérieurs présentent la flore et la faune indigènes avec près de 400 espèces végétales de chez nous.*

**KERZERS** FONDATION PAPILIORAMA
Moosmatte 1
3210 Kerzers FR
031 756 04 60
www.papiliorama.ch

papiliorama.foundation
papiliorama

## ARACHIS HYPOGAEA

*Erdnuss*

*Arachide*

Die ältesten in archäologischen Ausgrabungen gefundenen Erdnüsse stammen aus Peru und sind rund 7600 Jahre alt. Seither werden sie in den Anden angebaut, und durch Selektion entstanden unsere heutigen, ertragreichen Kultursorten. Der einjährige, niederliegende bis aufrechte Schmetterlingsblütler bildet gelbe Blüten, die sich vorwiegend selbst bestäuben. Danach streckt sich der Blütenstiel mit dem Fruchtknoten und senkt sich in den Boden. Erst in der Erde reifen die Früchte mit meist zwei Samen aus. Dadurch schützen sie sich vor Austrocknung und Fressfeinden und schaffen durch diese Selbstaussaat zudem passende Bedingungen für ihre Keimung und neues Wachstum.

Erdnüsse eignen sich zum Direktverzehr oder geröstet, werden jedoch in den Tropen und Subtropen vor allem zur Ölgewinnung genutzt. Seit rund zehn Jahren werden sie aber auch in der Schweiz vereinzelt kultiviert. Dank der zunehmend heissen und trockenen Sommermonate können die Früchte gedeihen und ausreifen.

Les plus anciennes arachides découvertes lors de fouilles archéologiques proviennent du Pérou et ont environ 7600 ans. Depuis, elles sont cultivées dans les Andes, et nos variétés actuelles productives résultent de leur sélection. Cette Fabacée annuelle, couchée à dressée, montre des fleurs jaunes principalement autofécondes. Puis le pédoncule s'étire et se courbe vers le sol. Les fruits contiennent généralement deux graines et n'arrivent à maturité qu'une fois dans le sol. Cet auto-ensemencement la protège du dessèchement et des prédateurs tout en créant des conditions appropriées pour la germination et la nouvelle croissance.

Les arachides peuvent être consommées fraîches ou grillées. Dans les régions tropicales et subtropicales, elles sont surtout utilisées pour produire de l'huile. Depuis une dizaine d'années, elles sont également cultivées sporadiquement en Suisse. Grâce aux mois estivaux de plus en plus chauds, les fruits peuvent prospérer et mûrir.

**HERKUNFT** *Anden*
**ORIGINE** *Andes*

**WÄCHST IN FOLGENDEN GÄRTEN**
**CROÎT DANS LES JARDINS SUIVANTS**

Basel | Bern | Fribourg | Genève | Isole di Brissago | Kerzers | Neuchâtel | Porrentruy | St. Gallen | Zürich

**FABACEAE**

**PFLANZENFAMILIE** *Schmetterlingsblütler*

**FAMILLE BOTANIQUE** *Fabacées*

# SCHYNIGE PLATTE
## *Alpengarten*

*Inmitten der Berner Alpen mit Blick auf Eiger, Mönch und Jungfrau liegt auf knapp 2000 m ü. M. der Alpengarten Schynige Platte. Bei der Eröffnung 1929 wurden auf einem vielfältig strukturierten Gelände rund 8000 m² Weideland eingezäunt und somit aus der jahrhundertealten Bewirtschaftung herausgenommen. Heute gedeihen hier rund 800 einheimische Pflanzenarten in ihren natürlichen Pflanzengesellschaften. Damit beherbergt der Alpengarten rund zwei Drittel aller Schweizer Alpenpflanzen, die auch in wissenschaftlichen Studien untersucht werden.*

*Dans les Alpes bernoises avec une vue magnifique sur l'Eiger, le Mönch et la Jungfrau, le Jardin alpin Schynige Platte est situé à 2000 mètres d'altitude. À son ouverture en 1929, une parcelle de 8000 m² de pâturage aux structures très diverses a été clôturée et ainsi soustraite à l'exploitation en usage depuis des centaines d'années. Il y croît aujourd'hui quelque 800 espèces végétales indigènes dans leurs associations végétales naturelles. Le jardin alpin héberge donc deux tiers de toutes les plantes alpines suisses, qui font aussi l'objet d'études scientifiques.*



**SCHYNIGE PLATTE** ALPENGARTEN
Verein Alpengarten Schynige Platte
3800 Interlaken
033 828 73 76
www.alpengarten.ch

## CHENOPODIUM BONUS-HENRICUS

*Guter Heinrich*

*Chénopode Bon-Henri*

Die bis 80 cm hohe, ausdauernde Pflanze trägt spiessförmige Blätter, die mit kleinen, kugeligen Blasenhaaren bestückt sind. Diese fallen bei Berührung leicht ab und hinterlassen an den Fingern ein leicht klebrig-raues Gefühl. Das Fuchsschwanzgewächs bildet in einem langen, rispigen Blütenstand unscheinbare, windbestäubte Blüten. Die winzigen Nussfrüchte werden ebenfalls durch den Wind oder durch Tiere verbreitet.

Als vielseitig verwendbares Wildgemüse werden junge Blätter, wie diejenigen des nah verwandten Spinats *(Spinacia oleracea)*, als Blattgemüse gegessen. Die frischen Sprossspitzen lassen sich wie Spargeln, die Blüten wie Brokkoli zubereiten. Selbst die zerstossenen Wurzeln finden Verwendung, und zwar zur Herstellung von Süssigkeiten. Das natürliche Verbreitungsgebiet des Guten Heinrichs liegt in Europa. Er bevorzugt frische, stickstoffreiche Standorte. Ursprünglich war er in alpinen Lägerfluren beheimatet, gelangte aber als Kulturfolger auch in tiefere Lagen, wo er nun selten ist.

Cette plante vivace peut atteindre 80 cm de haut. Les feuilles en forme de flèches ont de petits poils glanduleux qui tombent facilement au toucher et laissent sur les doigts une sensation légèrement collante et rugueuse. Cette Amaranthacée forme une longue inflorescence paniculée. Ses fleurs discrètes sont pollinisées par le vent. Les minuscules graines, des akènes, sont aussi disséminés par le vent ou les animaux.

Les jeunes feuilles de ce légume sauvage polyvalent, comme celles des épinards étroitement apparentés *(Spinacia oleracea)*, sont consommées comme légume-feuille, les pointes des pousses fraîches comme des asperges et les fleurs comme des brocolis. Même les racines pilées sont utilisées, pour en faire des sucreries. L'aire de répartition naturelle du chénopode Bon-Henri se situe en Europe. Il préfère les endroits frais et riches en azote. Originaire des reposoirs alpins broutés, l'espèce est arrivée à basse altitude avec les cultures, où elle est désormais rare.

**HERKUNFT** *Europa*

**ORIGINE** *Europe*

**WÄCHST IN FOLGENDEN GÄRTEN**

**CROÎT DANS LES JARDINS SUIVANTS**

Arosa | Basel | Bern | Champex-Lac | Davos | Fribourg | Genève | Lausanne | Pont de Nant | Porrentruy | Schynige Platte | Solothurn | St. Gallen | Wädenswil | Zürich

**AMARANTHACEAE**

**PFLANZENFAMILIE** *Fuchsschwanzgewächse*

**FAMILLE BOTANIQUE** *Amaranthacées*

# SOLOTHURN
# *Juragarten Weissenstein*

*Hoch über der Stadt Solothurn thront auf der ersten Jurakette der 1957 eröffnete Juragarten Weissenstein. Auf rund 1200 m² zeigt er als Spezialität etwa 200 Pflanzenarten aus dem Jurabogen. Diese werden in juratypischen Lebensräumen präsentiert: an südexponierten Kalkfelsen, in lichten Säumen und Gebüschen sowie an Trockenmauern aus Jurakalk und in einem schattigen Laubwäldchen. Der Garten grenzt direkt an die idyllischen Juraweiden. Der Juragarten wird vom Verein Pro Weissenstein getragen und von ehrenamtlichen Mitarbeiterinnen und Mitarbeitern gepflegt.*
*Ouvert en 1957, le Jardin jurassien Weissenstein se situe sur la première chaîne du Jura, au-dessus de la ville de Soleure. Sa surface d'environ 1200 m² accueille quelque 200 espèces de plantes de l'Arc jurassien, et cela dans les milieux typiques du Jura: rochers calcaires exposés au sud, bordures buissonnantes, lisières claires, murs de pierres sèches de calcaire du Jura, forêts caduques ombragées. Il voisine directement avec les typiques pâturages jurassiens. Le jardin est soutenu par l'association Pro Weissenstein, son entretien étant assuré par des bénévoles.*



**SOLOTHURN** JURAGARTEN WEISSENSTEIN
4515 Oberdorf SO
www.pro-weissenstein.ch

## DAUCUS CAROTA
*Wilde Möhre*
*Carotte sauvage*

Das natürliche Areal der Wilden Möhre reicht von Nordafrika über Europa bis nach China. Der Doldenblütler wächst an Wegrändern, in Ruderalfluren und Trockenwiesen. Als zweijährige Pflanze bildet er im ersten Jahr eine Rosette mit gefiederten Blättern: Erst im zweiten Jahr erscheinen die weissen, in Dolden angeordneten Blüten. Als Anpassung an trockene Verhältnisse reicht die weisse, dünne, verholzende Pfahlwurzel bis zu 80 cm in den Boden. Diese wird jedoch nur als Wildgemüse geschätzt.

Ihre Domestikation begann vor über 1000 Jahren in Zentralasien. Die heutige Gartenmöhre *(Daucus carota* subsp. *sativus)* geht auf eine Kreuzung unserer Wilden Möhre mit nah verwandten Unterarten zurück, wobei als neues Merkmal die fleischige Rübe in verschiedenen Farbvariationen entstand. Orange Karotten entwickelten sich erst gegen Ende des 17. Jahrhunderts in Holland. Sie werden heute in vielen Sorten angebaut und haben einen hohen Gehalt an Karotin, Vitamin C, Kalium und Eisen.

L'aire de répartition naturelle de la carotte sauvage s'étend de l'Afrique du Nord à la Chine en passant par l'Europe. Cette Apiacée pousse au bord des chemins, dans les zones rudérales et les prairies sèches. Plante bisannuelle, elle forme la première année une rosette de feuilles pennées; les fleurs blanches en ombelles n'apparaissent que la deuxième année. Pour s'adapter aux conditions sèches, sa racine pivotante blanche, fine et ligneuse s'enfonce jusqu'à 80 cm dans le sol. Elle est appréciée comme plante sauvage comestible.

Sa domestication a débuté il y a plus de 1000 ans en Asie centrale. L'actuelle carotte cultivée *(Daucus carota* subsp. *sativus)* est issue d'un croisement entre la carotte sauvage et des sous-espèces voisines donnant une carotte charnue de différentes couleurs. Les carottes orange se sont développées vers la fin du XVII^e^ siècle en Hollande. De nombreuses variétés sont cultivées aujourd'hui et ont une teneur élevée en carotène, vitamine C, potassium et fer.

**HERKUNFT** *Eurasien*
**ORIGINE** *Eurasie*

**WÄCHST IN FOLGENDEN GÄRTEN**
**CROÎT DANS LES JARDINS SUIVANTS**
Merian Gärten | Bern | Champex-Lac | Davos | Fribourg | Genève | Kerzers | Lausanne | Neuchâtel | Porrentruy | Solothurn | St. Gallen | Wädenswil | Zürich

**APIACEAE**

**PFLANZENFAMILIE** *Doldenblütler*

**FAMILLE BOTANIQUE** *Apiacées*

# ST. GALLEN
## *Botanischer Garten*

*Der erste botanische Garten in St. Gallen entstand 1878, er musste aber 40 Jahre später dem Bau des Historischen Museums weichen. Auch der zweite Garten fiel einem Bauprojekt zum Opfer. Erst 1945 fand der Botanische Garten im Stephanshorn seinen heutigen Platz. Auf einer Fläche von 2 ha gedeihen rund 8000 Arten. Zu den Besonderheiten zählt nebst dem Tropenhaus auch das architektonisch bemerkenswerte Alpinenhaus. Die Freilandanlagen zeigen Pflanzen aus der ganzen Welt, und die Bereiche für Schulen informieren über Bestäubungsarten, Evolutionsschritte oder genetische Mutationen.*
*Fondé en 1878, le premier jardin botanique de Saint-Gall dut 40 ans plus tard faire place à la construction du Musée d'histoire. Le deuxième jardin fut également victime d'un projet de construction. En 1945 enfin, le Jardin botanique actuel fut mis en place au Stephanshorn. Une surface de 2 ha présente près de 8000 espèces. À ne pas manquer: la serre tropicale et la villa alpine à l'architecture bien particulière. Les installations extérieures présentent des plantes du monde entier, et les sections pour les écoles informent sur les espèces pollinisatrices, les étapes de l'évolution ou les mutations génétiques.*



**ST. GALLEN** BOTANISCHER GARTEN
Stephanshornstrasse 4
9016 St. Gallen
071 224 45 14
www.botanischergarten.stadt.sg.ch

## CHENOPODIUM QUINOA

*Quinoa*

*Quinoa*

Die grösste Vielfalt an Quinoa-Sorten findet man in den Anden. Vermutlich wurde Quinoa vor mehr als 7000 Jahren in den Hochebenen rund um den Titicacasee domestiziert. Sie war als «Mutterkorn» des Inkareichs bekannt. Die einjährige Pflanzenart wird 1 bis 3 m gross und bildet reich verzweigte Pfahlwurzeln. Das Fuchsschwanzgewächs gedeiht auf nährstoffarmen, steinigen, trockenen Böden. Temperaturen um den Gefrierpunkt und Wind machen ihr kaum etwas aus.

Nicht nur die etwa senfkorngrossen Samen werden gegessen, sondern auch die Blätter, die sich als Gemüse zubereiten lassen. Die Körner dieses glutenfreien Pseudogetreides enthalten viele Proteine, Mineralien und alle essenziellen Aminosäuren. In der Schweiz wird Quinoa seit rund 10 Jahren angebaut. Sie verträgt aber die immer häufiger auftretenden Klimaschwankungen schlecht, da es zweitweise entweder zu feucht, zu kühl oder zu heiss ist. Die inländische Produktion von jährlich rund 50 Tonnen entspricht etwa 2 Prozent des hiesigen Konsums.

La plus grande diversité de variétés de quinoa se trouve dans les Andes. Le quinoa a probablement été domestiqué il y a plus de 7000 ans sur les hauts plateaux autour du lac Titicaca. Connue comme la «mère de tous les grains» de l'Empire inca, la plante annuelle de 1 à 3 m de haut forme des racines pivotantes richement ramifiées. Cette Amaranthacée prospère sur des sols pauvres en nutriments, rocailleux et secs. Les températures proches de zéro et le vent ne l'affectent guère.

Ses graines, de la taille de grains de moutarde, sont consommées, ainsi que les feuilles préparées comme légume. Les grains de cette pseudo-céréale sans gluten sont riches en protéines, minéraux et acides aminés essentiels. En Suisse, le quinoa est cultivé depuis une dizaine d'années. Mais il supporte mal les aléas climatiques de plus en plus fréquents: trop humide, trop frais ou trop chaud. La production nationale d'environ 50 tonnes par an correspond à environ 2 % de la consommation locale.

**HERKUNFT** *Anden*
**ORIGINE** *Andes*

**WÄCHST IN FOLGENDEN GÄRTEN**
**CROÎT DANS LES JARDINS SUIVANTS**

Merian Gärten | Fribourg | Genève | Isole di Brissago | Neuchâtel | St. Gallen | Wädenswil | Zürich

**AMARANTHACEAE**

**PFLANZENFAMILIE** *Fuchsschwanzgewächse*

**FAMILLE BOTANIQUE** *Amaranthacées*

# WÄDENSWIL
## *Gärten im Grüental*

*Hoch über dem Zürichsee, mit Blick auf See und Alpen, liegen die Gärten der ZHAW Wädenswil. Sie wurden 1984 auf dem 8 ha grossen Campus Grüental angelegt, verweisen auf eine Vielfalt an Nachhaltigkeitsthemen und bergen über 4000 Pflanzenarten und -sorten. Die Gärten stehen in enger Beziehung zu den Forschungs- und Bildungsaufgaben des Instituts für Umwelt und Natürliche Ressourcen der ZHAW und umfassen Sammlungen wie den TCM-Arzneipflanzen-Garten, alte Nutz- und Kulturpflanzen sowie neuartige Lehr- und Forschungsgärten, darunter etwa das Gräserland oder den Bodengarten.*
*Les jardins de la Haute école des sciences appliquées de Wädenswil (ZHAW) sont situés sur les hauteurs du lac de Zurich avec vue sur le lac et les Alpes. Établis en 1984 sur les 8 ha du campus Grüental, ils offrent un large choix de thèmes concernant la durabilité et comptent plus de 4000 espèces et variétés de plantes. Liés étroitement aux missions de formation de l'Institut pour l'environnement et les ressources naturelles de la ZHAW, ils comprennent des collections importantes comme le jardin des plantes médicinales MTC, des anciennes plantes cultivées et utiles et des jardins de recherche, dont le paysage des graminées ou le jardin des sols.*

**WÄDENSWIL** GÄRTEN IM GRÜENTAL
ZHAW Zürcher Hochschule für
Angewandte Wissenschaften
Grüentalstrasse 14
8820 Wädenswil
058 934 55 85
www.zhaw.ch/iunr/gaerten

## SICYOS EDULIS
*Chayote*
*Chayote*

Die Heimat der Chayote liegt in Mexiko und Belize. Bereits die Hochkulturen der Azteken und der Maya kultivierten diese tropische Kletterpflanze. Dank der Ranken kann das Kürbisgewächs mit den efeuähnlichen Blättern an einem Baum über 5 m hoch wachsen. Ihre fünfzähligen, weissen bis gelben Blüten werden durch Insekten bestäubt. Die bis zu 25 cm grossen Früchte sind oft schrumpelig, gerippt, stachelig oder glatt und birnenförmig, daher nennt man sie auch Gemüsebirne. Sie werden meist gekocht, können aber auch roh gegessen werden. Alle Pflanzenteile sind essbar und reich an Vitaminen, Eisen und Kalzium.

Die Chayote ist in den Subtropen und im tropischen Bergland ein wichtiges Nahrungsmittel für Mensch und Tier. Die nicht frosttolerante Pflanze wird seit einigen Jahren auch in Schweizer Gärten angebaut, allerdings braucht sie einen warmen, geschützten Standort und wird nur einjährig gezogen. Kühl gelagert, sind die Früchte bis im Frühjahr haltbar und ein ideales Wintergemüse.

La chayote est originaire du Mexique et du Belize. Les civilisations aztèque et maya cultivaient déjà cette plante grimpante tropicale. Cette Cucurbitacée, aux feuilles ressemblant au lierre, peut grimper à plus de 5 m de haut grâce à ses vrilles. Les insectes pollinisent ses fleurs blanches à jaunes. Mesurant jusqu'à 25 cm, les grands fruits sont souvent ridés, épineux ou lisses et en forme de poire. Ils sont généralement cuits, mais peuvent aussi être consommées crus. Toutes les parties de la plante sont comestibles et riches en vitamines, fer et calcium.

La chayote constitue un aliment essentiel pour les hommes et les animaux des régions subtropicales et des montagnes tropicales. Cette plante ne tolère pas le gel. Elle est cultivée depuis quelques années dans les jardins suisses comme annuelle et a besoin d'un endroit chaud et protégé. Conservés au frais, les fruits tiennent jusqu'au printemps et constituent un légume d'hiver idéal.

**HERKUNFT** *Mittelamerika*
**ORIGINE** *Amérique centrale*

**WÄCHST IN FOLGENDEN GÄRTEN**
**CROÎT DANS LES JARDINS SUIVANTS**
Basel | Merian Gärten | Neuchâtel | St. Gallen | Wädenswil | Zürich

**CUCURBITACEAE**

**PFLANZENFAMILIE** *Kürbisgewächse*

**FAMILLE BOTANIQUE** *Cucurbitacées*

# **ZÜRICH** *Botanischer Garten der Universität*

*1837 entstand der alte botanischen Garten auf einem Hügel mitten in der Stadt. Heute beherbergt er auf 1,8 ha rund 600 Pflanzenarten. Erst 1977, nach einer Volksabstimmung, konnte der neue Garten mit dem Institut für Systematische und Evolutionäre Botanik im Seefeld gebaut werden und präsentiert nun auf einer Fläche von 5,6 ha rund 7500 Arten. Zu den Aufgaben des Botanischen Gartens zählen Forschung, Lehre, Öffentlichkeitsarbeit und Artenschutz. Besonders eindrücklich sind die kuppelförmigen Gewächshäuser mit Pflanzen aus den tropischen Regenwäldern und Trockengebieten.*

*Créé en 1837 sur une colline au milieu de la ville, l'ancien jardin botanique compte aujourd'hui près de 600 espèces sur 1,8 ha. En 1977, après une votation populaire, le nouveau jardin a enfin pu être installé à l'emplacement actuel, de pair avec l'Institut de botanique systématique, et présente maintenant quelque 7500 espèces sur 5,6 ha. Le Jardin botanique a pour tâches la recherche, l'enseignement, la sensibilisation du public et la protection des espèces. Intéressantes par leur coupole, les serres abritent des plantes des forêts tropicales et des régions sèches.*

**ZÜRICH** NEUER BOTANISCHER GARTEN DER UNIVERSITÄT ZÜRICH
Zollikerstrasse 107
8008 Zürich
044 634 84 61
www.bg.uzh.ch

**ZÜRICH** ALTER BOTANISCHER GARTEN DER UNIVERSITÄT ZÜRICH
Pelikanstrasse 40
8001 Zürich

bg.uzh.ch
bot.garten.zuerich

## SORGHUM BICOLOR

*Sorghumhirse*

*Sorgho commun*

Bereits vor über 5000 Jahren wurde die Sorghumhirse im nordöstlichen Afrika aus einer Wildform kultiviert. Heute ist sie nach Reis, Weizen, Mais und Gerste die fünftwichtigste Getreideart der Welt. Die anspruchslose Art kommt mit sehr wenig Wasser aus und gedeiht sogar auf versalzten Böden. In Ländern mit einem trockenen Klima werden ihre glutenfreien und stärkereichen Körner hauptsächlich zur Herstellung von Brot, Fladen und Brei verwendet oder auch zu Bier verarbeitet. In der warmgemässigten Zone wird sie vor allem als Futtermittel, aber auch zur Produktion von Bioethanol genutzt. In der Schweiz ist sie eine noch wenig bekannte Kultur, dies könnte sich aber in Zukunft wegen der steigenden Temperaturen ändern.

Das einjährige Süssgras erreicht eine Wuchshöhe von 5 m und bildet breite Blätter, ihre Erscheinung ähnelt dem Mais. Die Blüten stehen meist aufrecht in einem bis zu 60 cm langen Blütenstand. Die rundlichen Hirsekörner sind je nach Sorte weiss, gelb oder rot.

Le sorgho commun était déjà cultivé dans le nord-est de l'Afrique il y a plus de 5000 ans. Aujourd'hui, il est la cinquième céréale la plus importante au monde après le riz, le blé, le maïs et l'orge. Peu exigeante, cette espèce se contente de très peu d'eau et prospère même sur les sols salés. Dans les pays au climat sec, ses grains sans gluten riches en amidon servent principalement à la fabrication du pain, de galettes et de bouillies; ils sont aussi transformés en bière. Dans les zones chaudes tempérées, le sorgho est surtout utilisé comme aliment pour animaux ou la production de bioéthanol. En Suisse, cette culture est encore peu connue mais pourrait s'étendre avec la hausse des températures.

Cette Poacée annuelle peut atteindre une hauteur de 5 m et forme de larges feuilles, ressemblant ainsi au maïs. Les fleurs sont le plus souvent dressées en une inflorescence pouvant atteindre 60 cm de long. Les grains de mil ronds sont blancs, jaunes ou rouges selon les variétés.

**HERKUNFT** *Afrika*
**ORIGINE** *Afrique*

**WÄCHST IN FOLGENDEN GÄRTEN**
**CROÎT DANS LES JARDINS SUIVANTS**

Erschmatt | Fribourg | Genève | St. Gallen | Wädenswil | Zürich

**POACEAE**

**PFLANZENFAMILIE** *Süssgräser*

**FAMILLE BOTANIQUE** *Poacées*

# **ZÜRICH** *Sukkulenten-Sammlung Zürich*

*Die Sukkulenten-Sammlung Zürich beherbergt seit 1931 die artenreichsten und bestdokumentierten Spezialsammlungen sukkulenter (saftspeichernder) Pflanzen. Die eindrückliche Vielfalt der 5527 Taxa (Arten, Unterarten, Varietäten) aus 79 Pflanzenfamilien wird in sieben Gewächshäusern sowie Frühbeetkästen und einem Steingarten erlebbar. Die Sukkulenten-Sammlung Zürich betreibt Wissensmanagement, forscht, publiziert und teilt ihr Wissen mit dem Publikum und anderen wissenschaftlichen Institutionen und Universitäten. Die Beteiligung am internationalen Samentausch ermöglicht die anderweitige Erhaltung von Sukkulenten in Kultur.*
*Cette collection située sur les quais de Zurich existe depuis 1931 et est l'une des collections spéciales les plus riches en espèces et les mieux documentées de plantes succulentes. Ses sept serres, ses couches de culture et sa rocaille invitent à découvrir son impressionnante diversité de 5527 taxons (espèces, sous-espèces, variétés) de 79 familles végétales. La collection de plantes succulentes s'engage dans la gestion des connaissances, la recherche, la publication et le partage de son savoir avec le public et d'autres institutions scientifiques et universités. Le fait de participer aux échanges internationaux de semences contribue à la sauvegarde de plantes succulentes cultivées dans d'autres contextes.*

**ZÜRICH** SUKKULENTEN-SAMMLUNG ZÜRICH
Mythenquai 88
8002 Zürich
044 412 12 80
www.stadt-zuerich.ch/sukkulentensammlung

sukkulentensammlung
sukkulentensammlungzurich

## HYLOCEREUS UNDATUS

*Drachenfrucht*

*Pitaya, fruit du dragon*

Seit präkolumbianischer Zeit werden die Früchte der Drachenfrucht als Nahrungsmittel genutzt. Ihre ursprüngliche Heimat liegt vermutlich im südlichen Mexiko, wo sie ursprünglich in tropischen Trockenwäldern und Tieflandregenwäldern gedieh. Das Kakteengewächs bildet bis zu 5 m lange, dreiflügelige Triebe und reichlich Luftwurzeln. Es wächst oft kletternd oder als Aufsitzerpflanze an Bäumen, Zäunen und Mauern. Ihre weissen Blüten öffnen sich meist nur eine Nacht, verströmen einen intensiven Duft und locken zur Bestäubung Fledermäuse oder Motten an. Die wohlschmeckenden Früchte leuchten purpurn und enthalten ein wässriges, weisses Fruchtfleisch. Es wird roh als Obst oder als Dessert gegessen und enthält viele Vitamine und Mineralstoffe.

Heute wird die Drachenfrucht in den Tropen weltweit kommerziell angebaut. Dabei profitiert die trockenheitsresistente Art vom Klimawandel. Allerdings verwildert sie in vielen Gebieten, gilt dort als invasiver Neophyt und verdrängt die einheimische Vegetation.

Le pitaya, ou fruit du dragon, est utilisé comme aliment depuis l'époque précolombienne. Elle provient des forêts tropicales sèches et des forêts pluviales de plaine situées dans le sud du Mexique. Cette Cactacée forme des tiges trigones jusqu'à 5 m de long et de nombreuses racines aériennes. Elle pousse en grimpant ou comme épiphyte sur les arbres, les clôtures et les murs. Ses fleurs blanches ne s'ouvrent souvent qu'une nuit, dégagent un parfum intense et attirent les chauves-souris ou les papillons pour la pollinisation. Les fruits savoureux sont de couleur pourpre et contiennent une pulpe blanche et aqueuse. Ils contiennent beaucoup de vitamines et de minéraux et sont consommés crus comme fruits ou dessert.

Sous les tropiques, le pitaya est cultivé à des fins commerciales. Résistant à la sécheresse, il profite du changement climatique. Il devient sauvage en de nombreuses régions, où il est considéré comme une néophyte envahissante supplantant la végétation indigène.

**HERKUNFT** *Mittelamerika*

**ORIGINE** *Amérique centrale*

**WÄCHST IN FOLGENDEN GÄRTEN**

**CROÎT DANS LES JARDINS SUIVANTS**

Basel | Fribourg | Genève | Isole di Brissago | Neuchâtel | Zürich | Sukkulenten-Sammlung

## CACTACEAE

**PFLANZENFAMILIE** *Kakteengewächse*

**FAMILLE BOTANIQUE** *Cactacées*

*La Suisse romande compte des jardins botaniques en milieu urbain et un bon nombre de jardins alpins et jardins spéciaux en région lémanique.*
*Die Romandie beherbergt nebst botanischen Gärten in den Städten auch eine Vielzahl von Alpengärten und Spezialgärten am Genfersee.*

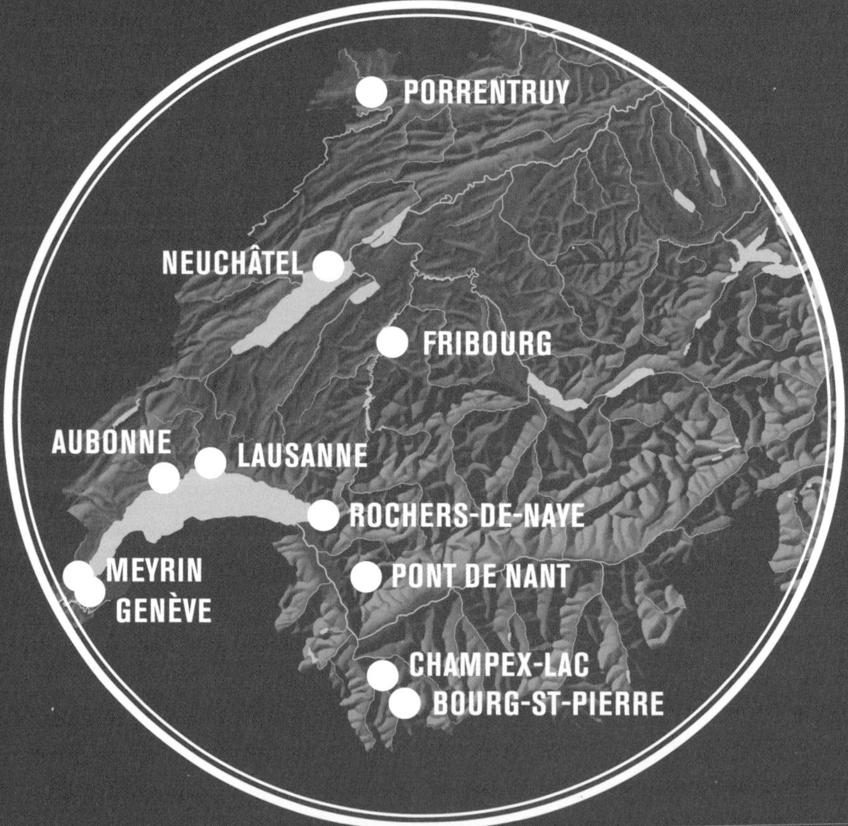

# JARDINS GÄRTEN
## *Suisse romande*

# **AUBONNE** *Arboretum du Vallon de l'Aubonne*

*Fondé en 1968, l'Arboretum du Vallon de l'Aubonne se déploie sur près de 200 ha de forêts et de prairies. Des chemins pédestres sont à disposition du public pour plonger dans l'univers des arbres. Il y a aujourd'hui plus de 3500 espèces et variétés d'arbres et d'arbustes des régions tempérées du globe. L'Arboretum comprend également des vergers composés d'anciennes variétés fruitières et des reconstitutions de forêts du nord-ouest des États-Unis et du Japon. On y trouve aussi le Musée du bois, véritable vitrine des métiers du bois et de la forêt.*

*Das Arboretum des Vallon de l'Aubonne besteht seit 1968 und erstreckt sich auf fast 200 ha mit Wald- und Wiesenflächen an einem südexponierten Hang über dem Genfersee. Mehr als 3500 Arten und Varietäten von Gehölzen aus allen gemässigten Klimazonen laden ein, die Welt der Bäume und Sträucher zu entdecken. Besondere Waldflächen sind Japan und dem Nordwesten der USA gewidmet. Das Arboretum beherbergt eine reiche Sammlung von Fruchtbäumen und ein Holzmuseum, wo Holz, Holzbearbeitung und Holzberufe vorgestellt werden.*



**AUBONNE** ARBORETUM DU VALLON DE L'AUBONNE
Chemin de Plan 92
1170 Aubonne
021 808 51 83
www.arboretum.ch

Arboretumaubonne
arboretum_aubonne

## CORNUS MAS

*Cornouiller mâle*

*Kornelkirsche*

Le cornouiller mâle est un arbuste ou petit arbre à feuilles caduques pouvant atteindre 8 m de haut. Il pousse volontiers dans les haies et les lisières de forêt. Ses petites fleurs jaunes dorées apparaissent dès le mois de mars, avant les feuilles, et dégagent un parfum de miel. Ce nectar et ce pollen disponibles si tôt représentent une source de nourriture importante pour de nombreux insectes. Les fruits rouge vif et charnus, atteignant jusqu'à 2 cm de long, sont comestibles. De nombreux animaux s'en nourrissent et disséminent ses graines. Cette Cornacée a de multiples usages et est donc souvent plantée dans nos jardins: ses drupes sucrées conviennent aux confitures, jus ou eaux-de-vie et son bois dur se prêtait à la fabrication de moyeux de roues, loquets de lourdes portes ou de javelot.

L'aire de répartition de cette plante ligneuse thermophile s'étend de la France au Caucase, mais se déplace vers le nord en raison du changement climatique.

Als laubwerfender Strauch oder kleiner Baum wird die Kornelkirsche bis zu 8 m hoch. Sie wächst gern in Hecken und an Waldrändern. Ihre kleinen, goldgelben Blüten erscheinen bereits ab März, noch vor den Laubblättern, und verströmen einen honigartigen Duft. Dank des früh verfügbaren Nektars und Pollens ist sie eine wichtige Nahrungsquelle für zahlreiche Insekten. Die glänzend roten, fleischigen, bis 2 cm langen Früchte sind essbar. Viele Tiere ernähren sich davon und verbreiten die Samen. Das Kornelkirschgewächs ist überaus vielfältig verwendbar und wird deshalb oft in unseren Gärten angepflanzt. Die süssen Steinfrüchte werden zu Konfitüren und Säften verarbeitet oder für die Herstellung von Edelbränden genutzt, und das harte Holz fand früher Verwendung für die Herstellung von Radnaben, Riegeln schwerer Holztüren oder von Wurfspeeren.

Das Verbreitungsgebiet des wärmeliebenden Gehölzes erstreckt sich von Frankreich bis in den Kaukasus. Aufgrund des Klimawandels verschiebt sich das Areal der Kornelkirsche nach Norden.

**ORIGINE** *Europe, Caucase*

**HERKUNFT** *Europa, Kaukasus*

**CROÎT DANS LES JARDINS SUIVANTS**

**WÄCHST IN FOLGENDEN GÄRTEN**

Aubonne | Merian Gärten | Bern | Fribourg | Genève | Grüningen | Kerzers | Meyrin | Neuchâtel | Pont de Nant | Porrentruy | Solothurn | St. Gallen | Wädenswil | Zürich

**CORNACEAE**

**FAMILLE BOTANIQUE** *Cornacées*

**PFLANZENFAMILIE** *Kornelkirschgewächse*

# BOURG-ST-PIERRE
## *Jardin botanique alpin La Linnaea*

*Le Jardin botanique alpin La Linnaea a été fondé le 20 juillet 1889 sur le versant nord du col du Grand-Saint-Bernard à l'initiative d'Henry Correvon, ce qui en fait le plus ancien des Alpes occidentales. Acquis en 1915 par la Société académique de Genève, La Linnaea servit de laboratoire scientifique. Le site fut entièrement restauré à l'occasion du 100$^{e}$ anniversaire; il est entretenu depuis lors par le personnel des Conservatoire et Jardin botaniques de Genève. Aujourd'hui propriété de la Commune de Bourg-St-Pierre, cet écrin de nature abrite plus de 300 espèces de la flore alpine.*

*Am 20. Juli 1889 wurde auf Anregung von Henry Correvon auf der Nordseite des Grossen St. Bernhard der Botanische Alpengarten La Linnaea gegründet, der älteste der Westalpen. 1915 erwarb die Société académique de Genève La Linnaea und nutzte den Garten als wissenschaftliches Labor. Anlässlich des 100. Jubiläums konnte die Anlage vollständig restauriert werden und wird seither von den Mitarbeitenden des Botanischen Gartens Genf gepflegt. Heute befindet sich La Linnaea im Besitz der Gemeinde Bourg-St-Pierre und beherbergt über 300 Alpenpflanzen.*

**BOURG-ST-PIERRE** JARDIN BOTANIQUE ALPIN LA LINNAEA
1946 Bourg-St-Pierre
022 418 51 00
www.jardin-linnaea.ch

# VACCINIUM MYRTILLUS
*Myrtille*
*Heidelbeere*

Les myrtilles cultivées en Suisse ont de grosses baies de 1 à 3 cm et sont issues d'espèces parentes d'Amérique du Nord telles que la myrtille américaine *(Vaccinium corymbosum)*. Contrairement à cette dernière, la myrtille indigène colore la bouche et les dents avec sa baie entièrement bleue qui ne mesure pas plus de 1 cm. L'arbrisseau nain très ramifié couvre le sol des forêts de résineux acidophiles de l'Europe de l'Ouest à la Sibérie et au-delà de la limite de la forêt dans les Alpes. Les petites branches vertes anguleuses ont des feuilles ovales de 2 à 3 cm de long qui se parent de jaune au rouge orangé en automne. Les baies riches en calories sont mangées par les animaux sauvages tels que l'ours, le renard, le chevreuil ou le cerf.

La myrtille est certes réputée robuste et peu exigeante, mais elle pourrait à l'avenir être évincée à basse altitude avec la hausse des températures accompagnée de la diminution du taux d'humidité des sols.

Die in der Schweiz angebauten Kulturheidelbeeren mit ihren1 bis 3 cm grossen Beeren stammen von nordamerikanischen Verwandten ab, wie beispielsweise von der Amerikanischen Heidelbeere *(Vaccinium corymbosum)*. Im Gegensatz zu dieser ist bei der einheimischen Heidelbeere das gesamte Innere der Beeren blau und färbt beim Verzehr Mund und Zähne. Zudem werden die Beeren nur bis 1 cm gross. Das reich verzweigte Zwergsträuchlein wächst oft flächendeckend in bodensauren Nadelwäldern von Westeuropa bis nach Sibirien und steigt in den Alpen weit über die Waldgrenze hoch. Es bildet kantige, grüne Ästchen mit 2 bis 3 cm langen, eiförmigen Blättchen, die sich im Herbst gelb bis rotorange verfärben. Die kalorienreichen Beeren werden von Wildtieren wie Bär, Fuchs, Reh oder Hirsch gefressen.

Die Heidelbeere gilt zwar als robust und genügsam, doch steigende Temperaturen und, damit einhergehend, geringere Bodenfeuchtigkeit könnten ihr in Zukunft in tieferen Lagen zusetzen.

**ORIGINE** *Eurasie*
**HERKUNFT** *Eurasien*

**CROÎT DANS LES JARDINS SUIVANTS**
**WÄCHST IN FOLGENDEN GÄRTEN**
Arosa | Bern | Bourg-St-Pierre | Fribourg | Wädenswil

## ERICACEAE

**FAMILLE BOTANIQUE** *Éricacées*

**PFLANZENFAMILIE** *Heidekrautgewächse*

# CHAMPEX-LAC
## *Jardin botanique alpin Flore-Alpe*

*À 1500 mètres d'altitude face à un panorama grandiose, le Jardin botanique alpin Flore-Alpe abrite une collection de plantes provenant de la flore locale et des montagnes du monde entier. Ces 4000 espèces sont présentées dans leurs milieux entre de nombreux sentiers et ruisseaux. Flore-Alpe offre une expérience unique aux visiteurs grâce à cet environnement, ses activités et les connaissances de son Centre de recherche sur les relations entre végétaux et environnement. Le caractère romantique et la sérénité du jardin se mêlent aux savoirs et patrimoine botaniques.*
*Der Botanische Alpengarten Flore-Alpe liegt inmitten eines grandiosen Alpenpanoramas auf rund 1500 m ü. M. Seine Pflanzensammlung stammt aus der lokalen Umgebung und von Gebirgen aus aller Welt. Präsentiert werden die rund 4000 Arten in ihren Lebensräumen zwischen Wegen und Bächen. Dank seines Forschungszentrums, das sich mit den Beziehungen zwischen Pflanzen und ihrer Umwelt befasst, und verschiedener Veranstaltungen bietet Flore-Alpe den Besuchenden ein einzigartiges Erlebnis: Spannende Botanik gesellt sich zum romantischen Charakter und zur Ruhe des Gartens.*

**CHAMPEX-LAC** JARDIN BOTANIQUE ALPIN FLORE-ALPE
Route de l'Adray 27
1938 Champex-Lac
027 783 12 17
www.flore-alpe.ch

JardinAlpinFloreAlpe
florealpe

## RUBUS IDAEUS
*Framboisier*
*Himbeere*

Les chasseurs-cueilleurs du néolithique appréciaient déjà les baies rouges et sucrées des framboisiers. Durant l'Antiquité, cette Rosacée riche en précieux minéraux et en vitamine C était aussi utilisée comme plante médicinale. Elle renforce les défenses immunitaires et favorise la cicatrisation. En Europe centrale, la plante a d'abord été cultivée dans les couvents avant d'entrer dans les jardins dès le XVIe siècle. Son pollen abondant et son nectar riche en sucre constituent une importante nourriture pour les abeilles sauvages et les papillons. Parfaitement adaptée aux hivers froids, la culture des framboises a longtemps constitué un revenu financier d'appoint pour les habitants des vallées alpines. Aujourd'hui, il existe un grand nombre de variétés cultivées. Celles à des fins commerciales sont des croisements entre des espèces indigènes et des voisines venant d'Amérique ou d'Asie.

L'aire de répartition naturelle du framboisier s'étend de l'Europe à l'Asie occidentale. Plante pionnière, elle colonise des surfaces déboisées ou prospère dans des buissons ou aux bords des chemins.

Bereits die Jägerinnen und Sammler der Jungsteinzeit schätzten die roten, süssen Sammelnussfrüchte der Himbeere. In der Antike verwendete man das Rosengewächs auch als Heilpflanze, da es über wertvolle Mineralstoffe und einen hohen Vitamin-C-Gehalt verfügt. Es stärkt die Abwehrkräfte und fördert die Wundheilung. In Mitteleuropa wurde die Pflanze zunächst in Klostergärten gezogen, seit dem 16. Jahrhundert fand sie Eingang in bürgerliche Gärten. Dank des grossen Pollenangebots und des zuckerreichen Nektars ist sie eine wichtige Nahrungsquelle für Wildbienen und Schmetterlinge. Bestens an kalte Winter angepasst, war die Kultur von Himbeeren in den Alpentälern immer auch ein Zusatzverdienst. Heute gibt es eine grosse Anzahl von Kulturformen. Viele der kommerziell angebauten Himbeersorten sind Kreuzungen aus der einheimischen mit nah verwandten Arten.

Das natürliche Verbreitungsgebiet der Himbeere erstreckt sich von Europa bis nach Westasien. Als Pionierpflanze besiedelt sie Kahlschlagflächen, gedeiht aber auch in Gebüschen oder am Wegrand.

**ORIGINE** *Eurasie*
**HERKUNFT** *Eurasien*

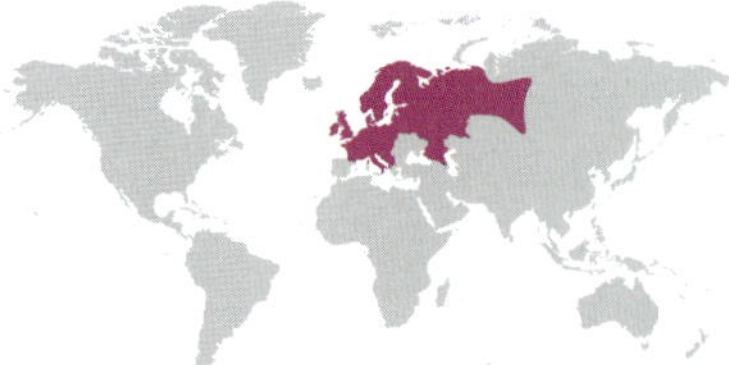

**CROÎT DANS LES JARDINS SUIVANTS**
**WÄCHST IN FOLGENDEN GÄRTEN**
Bern | Champex-Lac | Fribourg | Neuchâtel | Wädenswil

**ROSACEAE**

**FAMILLE BOTANIQUE** *Rosacées*

**PFLANZENFAMILIE** *Rosengewächse*

# **FRIBOURG** *Jardin botanique de l'Université*

*Fondé en 1937, le Jardin botanique de l'Université de Fribourg servait à ses débuts surtout à la formation des médecins et des pharmaciens. Ses premiers secteurs comptaient des plantes médicinales, des plantes utiles, des plantes aquatiques, un jardin alpin et une zone vouée à la systématique. Des serres tropicales, des géophytes et des plantes protégées sont ensuite venues enrichir la collection. Elle compte aujourd'hui 5000 espèces et 23 secteurs. Le Jardin botanique élabore des programmes de conservation des espèces les plus rares en collaboration avec différents partenaires.*
*Der 1937 gegründete Botanische Garten der Universität Freiburg diente zu Beginn vor allem der Ausbildung von Medizinern und Pharmazeuten. Seine ersten Abteilungen enthielten Medizinalpflanzen, Nutzpflanzen, Wasserpflanzen, ein Alpinum und einen systematischen Bereich. Im Lauf der Jahre kamen tropische Gewächshäuser, Geophyten und geschützte Pflanzen hinzu. Heute umfasst die Sammlung rund 5000 Arten und 23 Sektoren. Der Botanische Garten erarbeitet in Zusammenarbeit mit verschiedenen Partnern Programme zur Erhaltung seltener Pflanzenarten.*

**FRIBOURG** JARDIN BOTANIQUE DE L'UNIVERSITÉ
Chemin du Musée 10
1700 Fribourg
026 300 88 86
www.unifr.ch/jardin-botanique

f jardinbotaniquefribourg
jardinbot

## FAGOPYRUM ESCULENTUM

*Sarrasin commun*

*Echter Buchweizen*

Le sarrasin commun est issu de proches formes sauvages dans le sud-ouest de la Chine. Il était déjà cultivé en Chine il y a 4600 ans et au Japon il y a 3500 ans. Au XIV$^{e}$ siècle, il est arrivé en Europe centrale par la Mongolie et la Russie. Le terme de sarrasin était utilisé au Moyen Âge pour désigner ce qui vient d'Orient. L'enveloppe noire de ses graines lui donne son autre nom de blé noir. Cette Polygonacée s'est rapidement répandue dans de nombreuses vallées alpines. Avec l'importation de la pomme de terre au XVII$^{e}$ siècle, cette pseudo-céréale sans gluten a perdu de son importance. Seuls les traditionnels *pizzoccheri* du Val Poschiavo incarnent l'importance passée de cette plante utile riche en amidon.

Cette plante herbacée annuelle a des feuilles hastées, des fleurs blanches ou roses et peut atteindre 120 cm de haut. Elle peut être récoltée au bout de seulement 10 à 12 semaines. De plus, le sarrasin est résistant au froid et aux aléas du climat et sa culture est peu exigeante.

Der Echte Buchweizen entstand in Südwestchina aus nah verwandten Wildformen. Bereits vor 4600 Jahren wurde er in China und vor 3500 Jahren in Japan angebaut. Im 14. Jahrhundert gelangte er über die Mongolei und Russland nach Mitteleuropa. Bis heute wird er in den romanischen Sprachen als «sarazenisches Korn» bezeichnet, da im Mittelalter Leute aus dem Osten als Sarazenen bezeichnet wurden. Rasch verbreitete sich das Knöterichgewächs in vielen Alpentälern. Mit der Einfuhr der Kartoffel im 17. Jahrhundert verlor das glutenfreie Pseudogetreide an Bedeutung. Einzig die traditionellen Pizzoccheri aus dem Puschlav lassen die einstige Bedeutung der stärkehaltigen Nutzpflanze erahnen.

Das einjährige, krautige Gewächs hat pfeilförmige Blätter, weisse bis rosarote Blüten und wird bis 120 cm hoch. Es wächst innert nur 10 bis 12 Wochen zur Erntereife heran. Zudem ist der Echte Buchweizen kälteresistent, stellt nur wenige Ansprüche im Anbau und gilt als klimafest.

**ORIGINE** *Asie de l'Est*

**HERKUNFT** *Ostasien*

**CROÎT DANS LES JARDINS SUIVANTS**

**WÄCHST IN FOLGENDEN GÄRTEN**

Arosa | Basel | Bern | Erschmatt | Fribourg | Genève | Lausanne | Neuchâtel | St. Gallen | Wädenswil | Zürich

**POLYGONACEAE**

**FAMILLE BOTANIQUE** *Polygonacées*

**PFLANZENFAMILIE** *Knöterichgewächse*

# **GENÈVE** *Conservatoire et Jardin botaniques*

*Le premier jardin botanique fut fondé en 1817 par A.-P. de Candolle, dans l'actuel parc des Bastions. Le jardin déménagea en 1904 à son emplacement actuel. Le plus grand jardin botanique public de Suisse abrite sur ses 28 ha de magnifiques collections végétales provenant des cinq continents. Lieu de savoir et d'étude, il est aussi un espace de promenade et de détente très apprécié. Son conservatoire botanique, de renommée internationale, abrite deux prestigieuses collections: les herbiers (6 millions d'échantillons) et la bibliothèque dédiée à la botanique (120 000 volumes).*

*Der erste botanische Garten in Genf wurde 1817 von A.-P. de Candolle im heutigen Parc des Bastions gegründet. Erst 1904 kam er an den heutigen Standort. Der grösste öffentliche botanische Garten der Schweiz beherbergt auf 28 ha eine reichhaltige Pflanzensammlung aus der ganzen Welt. Er ist nicht nur ein Ort der Wissenschaft und des Studiums, sondern auch ein beliebter Erholungsraum. Die kostbaren Sammlungen und das wertvolle Herbarium geniessen mit ihren über 6 Millionen Belegen weltweites Renommee. Die botanische Bibliothek umfasst 120 000 Bände.*

**GENÈVE** CONSERVATOIRE ET JARDIN BOTANIQUES DE GENÈVE

Chemin de l'Impératrice 1
Case postale 71
1292 Chambésy-Genève
022 418 51 00
www.cjbg.ch

cjbgeneve
jardinbotaniquegeneve

## IPOMOEA BATATAS

*Patate douce*
*Süsskartoffel*

La forme sauvage de la patate douce est originaire d'Équateur. Elle est domestiquée depuis plus de 5000 ans en Amérique du Sud et en Amérique centrale. Aujourd'hui, ses racines tubéreuses souterraines constituent un aliment de base de nombreuses régions tropicales. La saveur douce vient de sa forte teneur en sucre, et ses tubercules allongés sont riches en amidon. La patate douce ressemble aux pommes de terre mais les deux espèces n'ont pas de lien étroit de parenté. Cette Convolvulacée est une plante grimpante herbacée vivace qui se développe généralement en rampant. Sa tige peut atteindre 4 m de long et ses feuilles vertes pétiolées sont en forme de cœur. Ses pétales lavande à violets ou blanchâtres sont soudés en entonnoir.

La patate douce est une plante tropicale très sensible au froid. Elle est néanmoins cultivée en Suisse depuis une dizaine d'années. Bien équipée face au réchauffement climatique, elle résiste très bien à la chaleur et supporte la sécheresse.

Die Wildform der Süsskartoffel stammt aus Ecuador. Bereits vor über 5000 Jahren wurde sie in Süd- und Mittelamerika domestiziert. Heute zählen ihre unterirdischen Speicherwurzeln in vielen Tropenregionen zu den Grundnahrungsmitteln. Der süssliche Geschmack beruht auf einem hohen Gehalt an Zucker, zudem sind die länglichen Knollen reich an Stärke. Obwohl diese einer Kartoffel ähneln, sind die beiden Arten nicht näher miteinander verwandt. Das Windengewächs gedeiht als mehrjährige, krautige Kletterpflanze meist kriechend auf dem Boden. Der Stängel wird bis zu 4 m lang und die gestielten grünen Blätter sind herzförmig. Ihre lavendelfarbenen oder weisslichen Kronblätter sind trichterförmig miteinander verwachsen.

Als tropische Pflanze reagiert die Süsskartoffel sehr empfindlich auf Kälte. Trotzdem wird sie seit rund zehn Jahren auch in der Schweiz angebaut, manchmal auch als Zierpflanze. Sie ist äusserst resistent gegen Hitze, erträgt Trockenheit und ist daher gut gegen die Klimaerwärmung gerüstet.

**ORIGINE** *Amérique centrale*
**HERKUNFT** *Mittelamerika*

**CROÎT DANS LES JARDINS SUIVANTS**
**WÄCHST IN FOLGENDEN GÄRTEN**

Bern | Fribourg | Genève | Neuchâtel | St. Gallen | Wädenswil | Zürich

**CONVOLVULACEAE**

**FAMILLE BOTANIQUE** *Convolvulacées*

**PFLANZENFAMILIE** *Windengewächse*

# LAUSANNE
## *Jardin botanique cantonal*

*Une île verte au centre-ville entre la gare et le lac Léman, voilà le Jardin botanique cantonal de Lausanne. Fondé en 1946, il abrite plus de 4000 espèces sur juste 2 ha. L'élément dominant de ce paysage est apporté par un pan de rocher à la végétation luxuriante avec une cascade. Ces roches proviennent du Jura vaudois et rappellent le temps où ses pentes étaient couvertes de vignobles. Les points forts du jardin sont les collections de plantes alpines, de plantes médicinales et d'espèces carnivores.*
*Der Botanische Garten Lausanne liegt, einer grünen Insel gleich, mitten in der Stadt zwischen Bahnhof und Genfersee. Seit seiner Gründung 1946 werden hier auf einer Fläche von knapp 2 ha über 4000 Pflanzenarten kultiviert. Ein grosser, üppig bewachsener Felsen mit einem Wasserfall ist das dominierende Landschaftselement des Gartens. Die Felsblöcke stammen aus dem Waadtländer Jura und zeugen von der Zeit, als sich hier noch Weinberge befanden. Die Schwerpunkte des Gartens bilden Sammlungen der Alpen- und Medizinalpflanzen sowie insektenfressende Arten.*



**LAUSANNE** JARDIN BOTANIQUE CANTONAL, NATURÉUM
Montriond – Place de Milan
Avenue de Cour 14B
1007 Lausanne
021 316 99 88
www.natureum.ch

natureum.vd (Facebook)
natureum.vd (Instagram)

## LUPINUS ANGUSTIFOLIUS

*Lupin à feuilles étroites*
*Schmalblättrige Lupine*

Cette Fabacée provient du bassin méditerranéen où elle pousse surtout dans les oliveraies, les cultures extensives et les jachères. Son nom vient de ses feuilles lancéolées à 5 à 9 folioles étroites. Les fleurs sont généralement bleu clair, rarement blanches ou roses. Pour la pollinisation, un mécanisme spécial expulse de la carène le pollen qui reste collé sur le ventre d'un insecte, par exemple un bourdon. Les fruits velus contiennent 4 à 7 graines.

Depuis plus de 6000 ans, le lupin à feuilles étroites est cultivé pour nourrir les hommes et les animaux. Au niveau des racines, il forme avec des bactéries une symbiose rhizobienne qui contribue à la fertilité des sols. C'est à travers la sélection variétale que les graines initialement immangeables sont devenues comestibles et sont aujourd'hui appréciées comme légumineuses particulièrement riches en protéines. En Suisse, la culture de cette plante thermophile est encore modeste, mais cela pourrait changer en raison de sa faible sensibilité au gel.

Dieser Schmetterlingsblütler stammt aus dem Mittelmeergebiet, wo er besonders in Olivenhainen, extensiv genutzten Kulturen und Brachen wächst. Die namensgebenden Blätter sind fingerförmig in 5 bis 9 schmale Teilblätter geteilt, die Blüten meist hellblau, selten weiss oder rosa. Bei der Bestäubung wird durch einen speziellen Mechanismus Pollen aus dem Schiffchen gedrückt und bleibt am Bauch eines Insekts kleben, beispielsweise einer Hummel. Die dicht behaarten Früchte enthalten 4 bis 7 Samen.

Seit über 6000 Jahren wird die Schmalblättrige Lupine als Nahrung für Mensch und Tier angebaut. Im Wurzelbereich lebt sie in Symbiose mit stickstoffbindenden Knöllchenbakterien, die zur Fruchtbarkeit der Böden beitragen. Erst durch Züchtung wurden die eigentlich ungeniessbaren Samen essbar und werden heute als besonders eiweissreiche Hülsenfrucht geschätzt. In der Schweiz ist der Anbau der wärmeliebenden Pflanze noch bescheiden, dies kann sich aber aufgrund ihrer geringen Frostempfindlichkeit ändern.

**ORIGINE** *Bassin méditerranéen*
**HERKUNFT** *Mittelmeergebiet*

**CROÎT DANS LES JARDINS SUIVANTS**
**WÄCHST IN FOLGENDEN GÄRTEN**
Bern | Lausanne | Wädenswil | Zürich

**FABACEAE**

**FAMILLE BOTANIQUE** *Fabacées*

**PFLANZENFAMILIE** *Schmetterlingsblütler*

# MEYRIN
## *Jardin botanique alpin*

*Au cœur de la cité de Meyrin, le Jardin botanique alpin accueille des plantes des montagnes dans un espace urbain. La collection ne se limite toutefois de loin pas aux plantes alpines. Tout en flânant, les visiteurs peuvent découvrir de nombreuses espèces végétales de plaine et d'autres parties du monde. Un parc animalier avec des poules huppées d'Appenzell et des chèvres bottées vient encore enrichir ce jardin très apprécié qui comprend près de 2000 espèces et variétés de plantes.*

*Im städtischen Meyrin steigen die Pflanzen von den Berggipfeln hinab mitten in den urbanen Raum. Die Sammlung beschränkt sich jedoch bei Weitem nicht nur auf diese Alpenpflanzen. Die Besucherinnen und Besucher begegnen beim Flanieren auch vielen Pflanzenarten aus dem Tiefland und aus anderen Teilen der Welt. Zusätzlich belebt ein Tierpark mit Appenzeller Spitzhaubenhühnern und Stiefelgeissen diesen beliebten Stadtpark mit seinen rund 2000 Pflanzenarten und -varietäten.*



**MEYRIN** JARDIN BOTANIQUE ALPIN
Chemin du Jardin Alpin 9
1217 Meyrin
022 989 35 60
www.meyrin.ch

jbameyrin

## CYNARA CARDUNCULUS

*Artichaut*
*Artischocke*

La forme sauvage de l'artichaut est originaire du bassin méditerranéen. Les formes cultivées ne sont probablement apparues qu'à l'époque romaine, propagées par les Arabes au début du Moyen Âge. Cette plante vivace, proche du chardon, peut atteindre 2 m de haut et possède des feuilles épineuses profondément pennées. Ses inflorescences aux fleurs tubulaires violettes, jusqu'à 15 cm de large, sont impressionnantes. Deux variétés comestibles sont cultivées: le véritable légume artichaut avec une inflorescence dont la base est très charnue (cœur d'artichaut) et des bractées disposées en tuiles, et le cardon avec des pétioles et des nervures de feuilles charnues. En tant que plante médicinale, l'artichaut stimule l'appétit, favorise la digestion et fait baisser le taux de cholestérol. Cette plante sensible au gel et à l'humidité pousse aussi dans les climats tempérés. Néanmoins, la culture d'artichaut est peu fréquente en Suisse et pourrait s'étendre avec le changement climatique.

Die Wildform der Artischocke stammt aus dem Mittelmeergebiet. Vermutlich entstanden die Kulturformen erst in römischer Zeit und wurden im frühen Mittelalter von den Arabern verbreitet. Die ausdauernde, distelartige Staude wird bis zu 2 m hoch und hat tief fiederteilige, bedornte Blätter. Imposant sind ihre bis 15 cm breiten, körbchenförmigen Blütenstände mit violetten Röhrenblüten. Es werden zwei essbare Sorten kultiviert, einerseits die echte Gemüse-Artischocke mit einem besonders fleischigen Blütenstandsboden (Artischockenherz) und dachziegelartig angeordneten Hüllblättern, andererseits die Kardone (Cardy) mit fleischigen Blattstielen und Blattrippen. Als Heilpflanze wirkt die Artischocke appetitanregend, verdauungsfördernd und cholesterinsenkend. Der frost- und feuchteempfindliche Korbblütler gedeiht auch im gemässigten Klima. Trotzdem werden in der Schweiz nur auf einer kleinen Fläche Artischocken angebaut, diese kann sich aber aufgrund der Klimaveränderung ausdehnen.

**ORIGINE** *Bassin méditerranéen*
**HERKUNFT** *Mittelmeergebiet*

**CROÎT DANS LES JARDINS SUIVANTS**
**WÄCHST IN FOLGENDEN GÄRTEN**

Basel | Merian Gärten | Bern | Fribourg | Genève | Isole di Brissago | Lausanne | Meyrin | Neuchâtel | Porrentruy | Wädenswil | Zürich

**ASTERACEAE**

**FAMILLE BOTANIQUE** *Astéracées*

**PFLANZENFAMILIE** *Korbblütler*

# NEUCHÂTEL
## *Jardin botanique*

*Située dans le vallon de l'Ermitage, à deux pas du Centre Dürrenmatt, l'institution développe sur 6 ha un parc dans lequel se côtoient huit collections botaniques variées (environ 2500 espèces) et des milieux naturels exceptionnels. Rénové en 2017, l'Alpinum présente des espèces de sept régions montagneuses d'Europe, de la péninsule ibérique au Caucase. Aménagé en 2020, le jardin des simples permet de retrouver la plupart des plantes médicinales de Suisse. L'ensemble a été complété en 2022 par le Kaléidoscope, un sentier permanent de découverte de la nature par les sens.*

*Nur wenige Schritte vom Centre Dürrenmatt entfernt, im Vallon de l'Ermitage, werden in einem 6 ha grossen Park acht vielfältige botanische Sammlungen (rund 2500 Arten) und aussergewöhnliche natürliche Lebensräume vorgestellt. Das 2017 renovierte Alpinum zeigt Arten aus sieben Bergregionen Europas, von der Iberischen Halbinsel bis zum Kaukasus. Im 2020 angelegten Heilpflanzengarten lassen sich die meisten Heilpflanzen der Schweiz entdecken. Der Garten wurde 2022 durch das «Kaleidoskop» vervollständigt, einen Rundgang, der die Natur mit allen Sinnen erlebbar macht.*



**NEUCHÂTEL** JARDIN BOTANIQUE
Pertuis-du-Sault 58
2000 Neuchâtel
032 717 82 90
www.jbneuchatel.ch

Jardin.botanique.neuchatel
Jardin_botanique_neuchatel

## ORYZA SATIVA

*Riz*

*Reis*

Le riz est l'aliment de base essentiel pour plus d'un tiers de la population mondiale. Le riz cultivé est issu d'une espèce sauvage et a été domestiqué en Chine il y a 9000 ans. Il en existe désormais plus de 120 000 variétés dans le monde. Exempts de gluten, les grains de riz contiennent de l'amidon, des protéines et des minéraux. Cette céréale surtout cultivée dans les régions tropicales et subtropicales pousse aussi dans des zones climatiques chaudes et tempérées, comme la plaine du Pô. Aujourd'hui, le riz est même cultivé au Tessin ou dans le Seeland. Cette Poacée a besoin d'eau en abondance jusqu'à la formation des fruits. En outre, la riziculture inondée freine bien la croissance des mauvaises herbes.

La plante peut atteindre 1,5 m de haut. Elle pousse particulièrement bien à des températures au-dessus de 25 °C. Dans les endroits favorables, plusieurs récoltes par an sont possibles. Avec le réchauffement climatique, la surface cultivée en Suisse ne cesse d'augmenter.

Reis ist das wichtigste Grundnahrungsmittel für mehr als ein Drittel der Weltbevölkerung. Der Kulturreis entstand aus einer Wildart und wurde bereits vor rund 9000 Jahren in China domestiziert. Heute gibt es weltweit über 120 000 Sorten. Reiskörner enthalten Stärke, Proteine und Mineralstoffe, sind aber glutenfrei. Obwohl das Getreide hauptsächlich in tropischen und subtropischen Gebieten angebaut wird, gedeiht es ebenfalls in warmgemässigten Klimazonen, wie etwa der Poebene. Aber auch im Tessin oder im Seeland wird Reis heutzutage erfolgreich kultiviert. Das Süssgras braucht bis zur Fruchtbildung eine üppige Wasserversorgung. Der Nassreisanbau hat zudem einen gewünschten Nebeneffekt: Das Wachstum von Unkraut ist stark gehemmt.

Die bis 1,5 m hohe Pflanze wächst bei Temperaturen von über 25 °C besonders gut – an günstigen Lagen sind sogar mehrere Ernten pro Jahr möglich. Mit steigenden Temperaturen infolge des Klimawandels nimmt die Anbaufläche in der Schweiz stetig zu.

**ORIGINE** *Asie de l'Est*

**HERKUNFT** *Ostasien*

**CROÎT DANS LES JARDINS SUIVANTS**

**WÄCHST IN FOLGENDEN GÄRTEN**

Basel | Bern | Fribourg | Isole di Brissago | Neuchâtel | Porrentruy | St. Gallen | Wädenswil | Zürich

**POACEAE**

**FAMILLE BOTANIQUE** *Poacées*

**PFLANZENFAMILIE** *Süssgräser*

Balkans

# PONT DE NANT
## *Jardin alpin cantonal La Thomasia*

*Le Jardin alpin cantonal La Thomasia est situé au cœur des Alpes vaudoises à 1260 mètres d'altitude, où il occupe une partie du vaste pâturage du Pont de Nant, au pied de l'imposante paroi du Grand Muveran, qui culmine à plus de 3000 m. Fondée en 1891, La Thomasia, qui a célébré ses 125 ans en 2016, est l'un des plus anciens jardins alpins n'ayant jamais cessé ses activités. Les 2000 plantes alpines cultivées proviennent des montagnes de tous les continents. Un accent particulier est mis sur les espèces des Alpes vaudoises, par exemple la pulsatille des Alpes.*

*Der Alpengarten La Thomasia liegt im Herzen der Waadtländer Alpen auf 1260 m ü. M. inmitten der ausgedehnten Weiden von Pont de Nant, am Fuss der spektakulären, über 3000 m steil aufragenden Felswand des Grand Muveran. 1891 gegründet, feierte La Thomasia als einer der ältesten ununterbrochen betriebenen alpinen Gärten im Jahr 2016 sein 125-jähriges Bestehen. Die rund 2000 gezeigten alpinen Pflanzenarten stammen aus den Gebirgen aller Kontinente. Ein Schwerpunkt liegt dabei auf Arten der Waadtländer Alpen, wie beispielsweise der Weissen Alpen-Anemone.*



**PONT DE NANT** JARDIN ALPIN CANTONAL LA THOMASIA, NATURÉUM
1880 Les Plans-sur-Bex
024 498 13 32
www.natureum.ch

natureum.vd (Facebook)
natureum.vd (Instagram)

## ALLIUM SCHOENOPRASUM

*Ciboulette*

*Schnittlauch*

L'aire de répartition naturelle de la ciboulette s'étend sur tout l'hémisphère Nord, surtout aux étages subalpins et alpins. La ciboulette affectionne les prairies, les bas-marais ou les bords de ruisseau. Cette plante vivace forme de petits bulbes allongés desquels poussent 1 à 2 feuilles cylindriques. Jusqu'à 50 fleurs rougeâtres forment l'inflorescence globuleuse. Très riches en nectar, elles sont pollinisées par les abeilles sauvages, les papillons et les syrphes.

Sont utilisées comme condiment surtout les feuilles creuses, mais aussi les fleurs. Outre des vitamines et des minéraux, cette Amaryllidacée contient aussi des propriétés antimicrobiennes bénéfiques sur la santé. Parmi les effets indésirables potentiels figurent des troubles digestifs. La plante est toxique pour de nombreux animaux, dont les plus sensibles sont les chats, les chiens et les bovins. La ciboulette est cultivée depuis le début du Moyen Âge. De nombreuses variétés sont aujourd'hui disponibles.

Das natürliche Verbreitungsgebiet des Schnittlauchs erstreckt sich über die gesamte Nordhalbkugel, wo er vor allem in der subalpinen und alpinen Stufe vorkommt. Er bevorzugt feuchte Wiesen, Flachmoore oder Bachufer. Die ausdauernde Pflanze bildet kleine, längliche Zwiebeln, daraus treiben 1 bis 2 grüne, röhrenförmige Laubblätter. Der kugelige Blütenstand besteht aus bis zu 50 rötlichen Blüten. Diese sind sehr nektarreich und werden von Wildbienen, Schmetterlingen und Schwebfliegen bestäubt.

Als Gewürz werden hauptsächlich die hohlen Blätter, aber auch die Blüten verwendet. Das Amaryllisgewächs enthält nebst Vitaminen und Mineralstoffen auch antimikrobielle, gesundheitsfördernde Eigenschaften. Zu möglichen unerwünschten Wirkungen gehören Verdauungsstörungen. Für viele Tiere ist die Pflanze giftig, am empfindlichsten reagieren Katzen, Hunde und Rinder. Seit dem frühen Mittelalter ist Schnittlauch in Kultur, heute werden zahlreiche Sorten angeboten.

**ORIGINE** *Amérique du Nord, Eurasie*

**HERKUNFT** *Nordamerika, Eurasien*

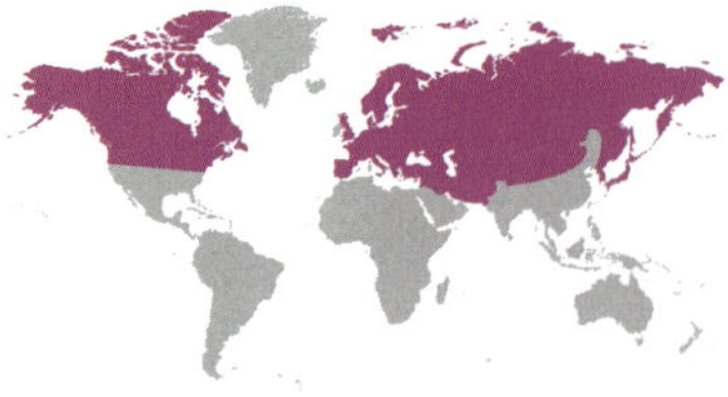

**CROÎT DANS LES JARDINS SUIVANTS**

**WÄCHST IN FOLGENDEN GÄRTEN**

Arosa | Merian Gärten | Bern | Champex-Lac | Davos | Fribourg | Genève | Grüningen | Lausanne | Meyrin | Neuchâtel | Pont de Nant | Porrentruy | Schynige Platte | St. Gallen | Wädenswil | Zürich

**AMARYLLIDACEAE**

**FAMILLE BOTANIQUE** *Amaryllidacées*

**PFLANZENFAMILIE** *Amaryllisgewächse*

Miltonia clowesii Lindl.
Brésil-Minas Gerais
Orchidaceae

# **PORRENTRUY** *JURASSICA Jardin botanique*

*Fondé en 1799, le Jardin botanique JURASSICA de Porrentruy est merveilleusement situé en plein cœur de la vieille ville près de l'ancien collège des jésuites. Plus de 600 espèces locales des chaînes du Jura, du lac de Bienne au Chasseral, y sont présentées. Une sensation: plus de 70 variétés de rose, 180 variétés d'iris et plus de 110 variétés de pivoines récemment acquises transforment le jardin à la floraison en une immense mer de couleur. Dans les années 1960 sont venues s'y ajouter plusieurs serres avec de nombreuses plantes exotiques qui transposent les visiteurs dans une ambiance tropicale luxuriante.*

*Der Botanische Garten JURASSICA von Pruntrut wurde 1799 gegründet und liegt malerisch umgeben vom ehemaligen Jesuitenkollegium mitten in der Altstadt. Über 600 lokale Pflanzenarten aus den Juraketten vom Bielersee bis zum Chasseral werden gezeigt. Einen Schwerpunkt bilden die mehr als 70 Rosensorten, 180 Iris-Varietäten und die über 110 Pfingstrosensorten, die den Garten zur Blütezeit in ein riesiges Farbenmeer verzaubern. Dazu kommen seit den 1960er-Jahren mehrere Gewächshäuser mit zahlreichen exotischen Pflanzen, die den Besucherinnen und Besuchern ein üppiges Tropenerlebnis bieten.*

**PORRENTRUY** JURASSICA
JARDIN BOTANIQUE
Route de Fontenais 21
2900 Porrentruy
032 420 92 00
www.jurassica.ch

Jurassica
jurassica_porrentruy

## CICER ARIETINUM

*Pois chiche*

*Kichererbse*

Avec les changements de comportement alimentaire dans les pays industrialisés, la demande en cultures riches en protéines ne cesse d'augmenter, dont celle du pois chiche. Il convient parfaitement comme substitut de viande. De plus, cette Fabacée sans gluten est riche en vitamines, en minéraux et en fibres. La plante annuelle peut mesurer jusqu'à 1 m de haut et forme une racine pivotante profonde. Les fleurs blanches, bleu clair ou violettes donnent des fruits d'environ 3 cm de long, un peu gonflés et glanduleux, contenant 1 à 4 graines de la taille d'un petit pois. Ces dernières sont toxiques à l'état cru et ne deviennent comestibles qu'après cuisson.

La forme sauvage du pois chiche est originaire du Proche-Orient, où il a été domestiqué il y a déjà 9000 ans. Aujourd'hui, il est surtout cultivé en Inde. En Suisse, des essais variétaux sont menés depuis 2017. Sa culture est encore modeste, car la plante, tolérante à la sécheresse, est sensible au gel et a besoin d'un climat chaud et ensoleillé.

Durch das veränderte Ernährungsverhalten vieler Menschen in den Industrieländern steigt die Nachfrage nach eiweissreichen Kulturen stetig. Dazu zählt auch die Kichererbse, die sich dank ihres hohen Proteingehalts bestens als Fleischersatz eignet. Zudem ist der glutenfreie Schmetterlingsblütler reich an Vitaminen, Mineral- und Ballaststoffen. Die einjährige Pflanze wird bis zu 1 m gross und bildet eine tiefe Pfahlwurzel. Aus den weissen, hellblauen oder violetten Blüten entwickeln sich rund 3 cm lange, etwas aufgeblasene und drüsenhaarige Früchte mit 1 bis 4 erbsengrossen Samen. Diese sind roh giftig und erst nach dem Kochen geniessbar.

Die Wildform der Kichererbse stammt aus Vorderasien, wo sie bereits vor 9000 Jahren domestiziert wurde. Heute wird sie vor allem in Indien kultiviert. In der Schweiz finden seit 2017 Sortenversuche statt. Noch ist ihr Anbau bescheiden, da die trockenstresstolerante Pflanze frostempfindlich ist und ein sonniges und warmes Klima benötigt.

**ORIGINE** *Asie occidentale*

**HERKUNFT** *Vorderasien*

**CROÎT DANS LES JARDINS SUIVANTS**

**WÄCHST IN FOLGENDEN GÄRTEN**

Erschmatt | Fribourg | Neuchâtel | Porrentruy | St. Gallen | Wädenswil | Zürich

**FABACEAE**

**FAMILLE BOTANIQUE** *Fabacées*

**PFLANZENFAMILIE** *Schmetterlingsblütler*

# **ROCHERS-DE-NAYE** *Jardin alpin La Rambertia*

*Au-dessus de Montreux, sur un imposant massif rocheux à 1980 mètres d'altitude, se trouve le Jardin alpin La Rambertia. Fondé en 1896, il est dédié à la mémoire du poète et naturaliste vaudois Eugène Rambert (1830-1886). Dès les débuts, l'accent est mis sur la flore alpine indigène calciphile. Le jardin qui s'étend sur environ 3000 m² s'est enrichi d'espèces d'autres régions de montagne de l'hémisphère Nord ou même de l'hémisphère Sud et présente aujourd'hui quelque 1000 espèces. Le Jardin alpin La Rambertia est géré et entretenu par une société privée.*
*Oberhalb von Montreux, am imposanten Felsmassiv der Rochers-de-Naye, befindet sich auf 1980 m ü. M. der Alpengarten La Rambertia. 1896 gegründet, erhielt er seinen Namen zu Ehren des Waadtländer Dichters und Naturforschers Eugène Rambert (1830–1886). Bereits zu Beginn lag der Schwerpunkt auf der einheimischen, kalkliebenden Alpenflora. Heute wird diese auf einer Fläche von rund 3000 m² mit Arten aus anderen Gebirgen der nördlichen Hemisphäre oder gar der Südhalbkugel ergänzt, sodass der Garten aktuell rund 1000 Pflanzenarten umfasst. La Rambertia wird von einem Verein betreut.*



**ROCHERS-DE-NAYE**
**JARDIN ALPIN LA RAMBERTIA**
Vieux Chemin 10
1833 Les Avants
www.rambertia.ch

Jardin-alpin-la-Rambertia

## CORYLUS AVELLANA

*Noisetier*

*Haselstrauch*

L'aire naturelle du noisetier s'étend de l'Europe au Caucase. En Europe centrale, cet arbuste aux feuilles caduques peut atteindre 5 m de haut et pousse dans les haies et en lisière de forêt. Ses branches nombreuses créent un habitat important pour les petits mammifères, les oiseaux et les insectes. Les fleurs femelles et mâles poussent séparément sur la même plante. Les chatons mâles pendants paraissent dès l'automne et durent tout l'hiver. La pollinisation se fait par le vent, affectant particulièrement les personnes allergiques. Ces dernières années, en raison du changement climatique, les noisetiers fleurissent chez nous plus tôt, souvent dès le mois de janvier.

Les fruits, des akènes, à coque ligneuse mûrissent en automne et sont riches en graisses végétales nutritives. Ils sont mangés et disséminés par les petits mammifères et les oiseaux. Les noisettes de nos magasins et les plants de nos jardineries proviennent souvent du noisetier de Lambert *(Corylus maxima)*, une espèce proche.

Das natürliche Areal des Haselstrauchs reicht von Europa bis in den Kaukasus. Das sommergrüne Gehölz wird in Mitteleuropa bis 5 m hoch und wächst an Waldrändern und in Hecken. Mit seinen vielen Zweigen bildet er ein wichtiges Habitat für kleine Säugetiere, Vögel und Insekten. Weibliche und männliche Blüten wachsen getrennt an der gleichen Pflanze. Auffällig sind die männlichen hängenden Kätzchen, die bereits im Herbst entstehen und den Winter überdauern. Die Bestäubung erfolgt durch den Wind, was besonders Allergiebetroffene zu spüren bekommen. Wegen des Klimawandels blühen Haselsträucher bei uns seit einigen Jahren früher, oft schon im Januar.

Die charakteristischen Nussfrüchte mit den verholzten Schalen reifen im Herbst und sind reich an nahrhaften pflanzlichen Fetten. Sie werden von Kleinsäugern und Vögeln gefressen und verbreitet. Die Haselnüsse in unseren Lebensmittelgeschäften und die Jungpflanzen unserer Gartencenter stammen meist von der nah verwandten Lambertshasel *(Corylus maxima)* ab.

**ORIGINE** *Europe, Caucase*
**HERKUNFT** *Europa, Kaukasus*

**CROÎT DANS LES JARDINS SUIVANTS**
**WÄCHST IN FOLGENDEN GÄRTEN**
Bern | Champex-Lac | Fribourg | Kerzers | Neuchâtel | Rochers-de-Naye | Wädenswil

**BETULACEAE**

**FAMILLE BOTANIQUE** *Bétulacées*

**PFLANZENFAMILIE** *Birkengewächse*

*Le Isole di Brissago, situate nel Lago Maggiore, ospitano il più importante giardino botanico del Ticino, un piccolo paradiso subtropicale.*
*Auf den Brissago-Inseln im Langensee befindet sich der bedeutendste botanische Garten des Tessins, wahrlich ein kleines subtropisches Paradies.*

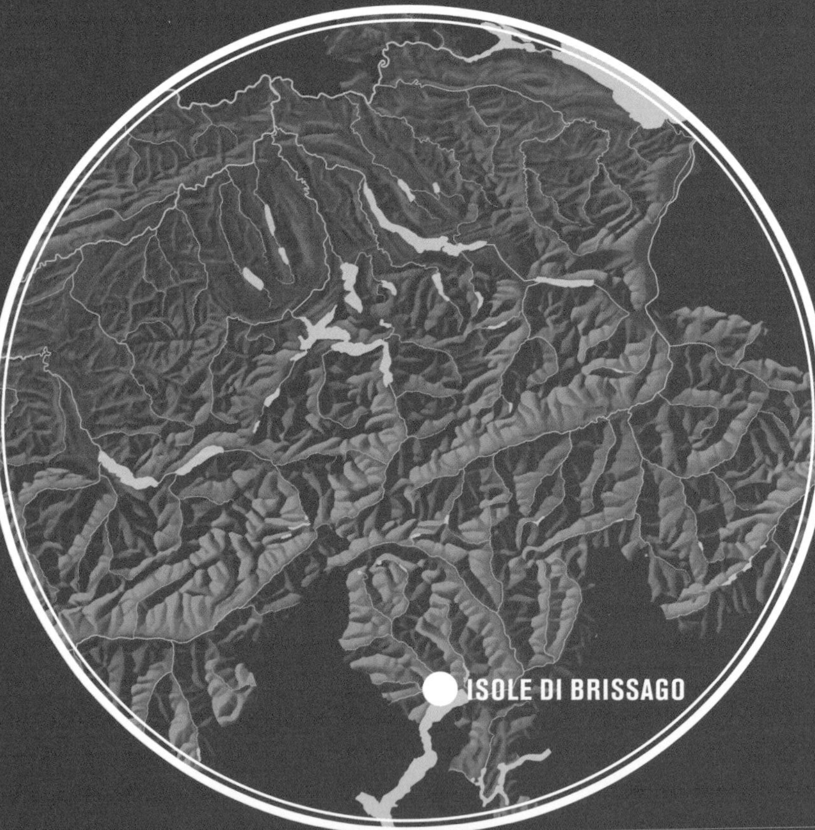

# GIARDINO GARTEN
*Ticino*

# ISOLE DI BRISSAGO
## *Giardino botanico cantonale delle Isole di Brissago*

*Il Giardino botanico del Cantone Ticino si trova nel Lago Maggiore sull'Isola di San Pancrazio. La sua storia inizia nel 1885 grazie ad Antoinette de Saint-Léger. Il giardino appartiene interamente al Cantone Ticino dal 2020. Grazie al clima insubrico con temperature miti ed abbondanti precipitazioni, i 2,5 ha del giardino ospitano circa 2000 specie di piante, provenienti dai climi subtropicali e dalle cinque regioni del mondo a clima mediterraneo: il bacino del Mediterraneo, la regione del Capo in Sudafrica, la costa californiana, l'Australia occidentale ed il Cile centrale.*
*Der Botanische Garten des Kantons Tessin befindet sich auf der Insel San Pancrazio im Langensee. Seine Geschichte begann 1885 mit Antoinette de Saint-Léger; seit 2020 gehört er dem Kanton Tessin. Auf den rund 2,5 ha gedeihen dank des insubrischen Klimas mit milden Temperaturen und reichlich Niederschlag rund 2000 Pflanzenarten, insbesondere aus den Subtropen und den fünf mediterranen Regionen der Welt: dem Mittelmeergebiet, der Kapregion in Südafrika, der kalifornischen Küste, Westaustralien und Zentralchile.*

**ISOLE DI BRISSAGO** GIARDINO BOTANICO CANTONALE DELLE ISOLE DI BRISSAGO
6614 Isole di Brissago
091 791 43 61
www.isoledibrissago.ti.ch

Facebook: Isole-di-Brissago
Instagram: isoledibrissago
X: isolebrissago

## GLYCINE MAX
*Soia*
*Sojabohne*

La soia, utilizzata da circa 9000 anni, trae le sue origini dall'Asia orientale, dove è stata addomesticata in Cina, Giappone e Corea contando oggi oltre 2500 distinte varietà. La maggior parte della soia coltivata è geneticamente modificata ed utilizzata in applicazioni tecniche, in cosmetica, ma soprattutto a scopo alimentare grazie ai semi, ricchi di proteine, dai quali si ricava l'olio vegetale più prodotto al mondo. All'alimentazione animale spetta circa l'80 % della soia prodotta, la cui produzione ha ripercussioni negative facendo arretrare habitat ricchi di specie come le foreste pluviali e le savane.

In Svizzera, varietà di soia non OGM e adattate alle nostre condizioni climatiche, sono coltivate da oltre 40 anni coprendo però meno dell'1 % della domanda stimata di farina di soia. Questo membro della famiglia delle fabacee può raggiungere i 90 cm di altezza, ha fiori di colorazione viola-biancastri ed è ricoperta, sia la pianta che i frutti, da una folta peluria ispida.

Die Wildform der Sojabohne stammt aus Ostasien, wo sie bereits vor rund 9000 Jahren genutzt wurde. Ihre Domestizierung erfolgte in China, Japan und Korea. Heute gibt es über 2500 verschiedene Sorten. Die eiweissreichen Samen liefern weltweit das meistproduzierte pflanzliche Öl. Der grösste Teil der angebauten Soja ist gentechnisch verändert. Es wird für technische Anwendungen, in der Kosmetik und vor allem für Nahrungszwecke eingesetzt, rund 80 Prozent als Futtermittel für Tiere. Dies hat negative Folgen, da durch den Soja-Anbau etwa artenreiche Lebensräume wie Regenwälder und Savannen zurückgedrängt werden.

In der Schweiz werden seit über 40 Jahren gentechnikfreie Sorten gezüchtet und angebaut, die an unsere Klimabedingungen angepasst sind. Dabei deckt die Schweiz weniger als 1 Prozent ihres geschätzten Bedarfs an Sojaschrot selber ab. Der Schmetterlingsblütler wird bis 90 cm gross, ist dicht zottig behaart, hat violett bis weissliche Blüten und rauhaarige Früchte.

**ORIGINE** *Asia orientale*
**HERKUNFT** *Ostasien*

**CRESCE NEI SEGUENTI GIARDINI**
**WÄCHST IN FOLGENDEN GÄRTEN**
Merian Gärten | Bern | Fribourg | Isole di Brissago | Lausanne | Neuchâtel | Porrentruy | Wädenswil

**FABACEAE**

**FAMIGLIA BOTANICA** *Fabacee*

**PFLANZENFAMILIE** *Schmetterlingsblütler*

*Die Wildform der Artischocke stammt aus dem Mittelmeergebiet. Der frostempfindliche Korbblütler wird in der Schweiz oft nur auf kleinen Flächen und zum Selberschneiden angebaut. La forme sauvage de l'artichaut est originaire du bassin méditerranéen. Cette Astéracée sensible au gel n'est souvent cultivée en Suisse que sur de petites surfaces et pour la cueillette en libre-service.*

# SERVICE SERVICE

## ORGANISATIONEN ORGANISATIONS

*Im Einsatz für den Artenschutz*

*Engagement pour la protection des espèces*

**VEREIN HORTUS BOTANICUS HELVETICUS (HBH)** 1996 gründeten die botanischen Gärten der Schweiz den Verein Hortus Botanicus Helveticus (HBH). Er umfasst heute 33 botanische Gärten und Pflanzensammlungen. HBH setzt sich für die Erhaltung nationaler und internationaler Pflanzensammlungen ein. Er unterstützt und fördert Aktivitäten im Bereich des Artenschutzes in Zusammenarbeit mit kantonalen Fachstellen und dem Bundesamt für Umwelt und bietet auch Fortbildungen für das Personal der botanischen Gärten an. Seit 2007 organisiert der Verein HBH die BOTANICA.

**BUNDESAMT FÜR UMWELT (BAFU)** Das BAFU ist die nationale Fachbehörde für die Umwelt. Sie ist zuständig für die langfristige Erhaltung und nachhaltige Nutzung der landschaftlichen und biologischen Vielfalt.

**ASSOCIATION HORTUS BOTANICUS HELVETICUS (HBH)** Fondée en 1996 par un groupe d'intérêts des jardins botaniques suisses, l'association Hortus Botanicus Helveticus (HBH) regroupe 33 jardins et collections botaniques. HBH s'engage dans la conservation de collections botaniques sur le plan national et international, soutient des activités de protection des espèces en collaborant avec des services cantonaux et l'Office fédéral de l'environnement, et propose des formations pour le personnel des jardins botaniques. Depuis 2007, HBH organise BOTANICA.

**OFFICE FÉDÉRAL DE L'ENVIRONNEMENT (OFEV)** L'OFEV est l'autorité nationale en matière d'environnement, notamment responsable de la conservation à long terme et de l'utilisation durable de la diversité paysagère et biologique.

## AUFGABEN DER BOTANISCHEN GÄRTEN

Weltweit gibt es rund 1800 botanische Gärten in 150 Ländern. In ihnen gedeihen mehr als 100 000 Pflanzenarten, also rund ein Viertel aller bekannten Blüten- und Farnpflanzen. Sie stellen Inseln der Biodiversität in einer meist städtisch geprägten Umgebung dar. Die Gärten beherbergen lebende Sammlungen einheimischer und exotischer Pflanzenarten. Zu ihren wichtigsten Aufgaben gehören:

- Kultivierung und Präsentation der Pflanzenvielfalt
- Erforschung der Pflanzenwelt
- Vermitteln der Bedeutung biologischer Vielfalt
- Bildung für Erwachsene, Kinder, Schüler und Schülerinnen
- Lehre und Kurse in Botanik, Ökologie, Evolution, Bionik, Biochemie, Pharmazie, Medizin, Veterinärmedizin etc.
- Ausbildung von Fachgärtnerinnen und Fachgärtnern für wissenschaftliche Sammlungen
- Schnittstelle zwischen Forschung und Öffentlichkeit mit Pflanzen als Kommunikationsmittel
- Artenschutz seltener Pflanzen durch Erhaltungskulturen (ex situ-Programme), d. h. Erhaltung gefährdeter Wildpflanzen ausserhalb ihres natürlichen Lebensraumes: Die besondere Kompetenz der botanischen Gärten liegt in der Kombination von wissenschaftlicher Kenntnis und gärtnerischer Fähigkeit zur Kultur von Wildpflanzen
- Kooperationspartner für den Naturschutz: enge Zusammenarbeit mit Bund (BAFU), Kantonen (Naturschutzbehörden) und Gemeinden (Stadtgärtnereien und Gartenbauämtern)
- Internationaler und nationaler Austausch von Samen *(Index seminum)*
- Naturerlebnis und Erholungsraum

## LES MISSIONS DES JARDINS BOTANIQUES

Le monde compte actuellement quelque 1800 jardins botaniques dans 150 pays. Avec 100 000 espèces végétales, ils abritent un quart de toutes les fougères et plantes à fleurs connues et forment des îlots de biodiversité dans des environnements surtout citadins. Ces jardins abritent une collection vivante d'espèces végétales indigènes et exotiques. Leurs tâches principales sont:

- la culture et la présentation de la diversité végétale
- l'étude du monde végétal
- la communication à la société de l'importance de la diversité biologique
- la formation des adultes, des enfants et des élèves
- l'enseignement et l'initiation à la botanique, l'écologie, l'évolution, la bionique, la biochimie, la pharmacie, la médecine, la médecine vétérinaire, etc.
- la formation d'horticulteurs spécialistes des collections scientifiques
- la rencontre entre la recherche et le public, utilisant l'attrait des fleurs comme moyen de communication
- la protection des plantes rares par des cultures de conservation (programmes *ex situ*), à savoir la conservation des plantes sauvages menacées en dehors de leur milieu naturel: les compétences particulières des jardins botaniques étant la combinaison de connaissances scientifiques et de savoir-faire horticole pour la culture de plantes sauvages
- le partenariat pour la protection de la nature: la collaboration étroite avec la Confédération (OFEV), les cantons (Services de protection de la nature) et les communes (Services des parcs et promenades)
- les échanges nationaux et internationaux de semences *(Index seminum)*
- l'expérience de la nature et lieux de paix

*In den Alpentälern ist der Anbau von Buchweizen beliebt, beispielsweise für die Herstellung der berühmten Pizzoccheri im Bündnerland (Domleschg). Dans les vallées alpines, la culture du sarrasin est populaire, par exemple pour la fabrication des fameux* pizzoccheri *dans les Grisons (Domleschg).*

**Bauer D. S., Brändel S. et al. (2024):** Von Bohne, Erdnuss und Mimose – fabelhafte Fabaceae. Verband Botanischer Gärten. 87 S.

**Berndt Ch. & Ch. von Eichhorn (2024):** Die fünf grössten Probleme der Welt – und ihre Lösungen. Tages-Anzeiger, Zürich (17.12.2024).

**Bundesamt für Landwirtschaft (2022):** Alternativen im Schweizer Pflanzenbau. Potenziale ausgewählter Ackerkulturen zur Lebensmittelproduktion. 41 S.

**Coe K., Bostan H., Rolling W. et al. (2023):** Population genomics identifies genetic signatures of carrot domestication and improvement and uncovers the origin of high-carotenoid orange carrots. Nature Plants, 9(10): 1643–1658.

**D'Andrea A.C., Kahlheber S., Logan A. L. & D. J. Watson (2007):** Early domesticated cowpea *(Vigna unguiculata)* from Central Ghana. Antiquity, 81(313): 686–698.

**Dillehay T. D., Rossen J., Andres T. C. & D. E. Williams (2007):** Preceramic adoption of peanut, squash, and cotton in northern Peru. Science, 316(5833): 1890–1893.

**Fornasiero A., Wing R. A. & P. Ronald (2022):** Rice domestication. Current Biology, 32(1): R20–R24.

**Gondola I. & P. P. Papp (2010):** Origin, Geographical Distribution and Phylogenic Relationships of Common Buckwheat *(Fagopyrum esculentum* Moench). The European Journal of Plant Science and Biotechnology.

**Hegi G. (Begr.) (1906–2016):** Illustrierte Flora von Mitteleuropa. 7 Bände. Weissdorn-Verlag, Jena.

**Jarvis D., Ho Y., Lightfoot D. et al. (2107):** The genome of *Chenopodium quinoa*. Nature, 542, 307–312.

**Lee G. A., Crawford G. W., Liu L., Sasaki Y. & X. Chen (2011):** Archaeological soybean *(Glycine max)* in East Asia: does size matter? PLoS One. 6(11).

**Muñoz-Rodríguez P., Wells T., Wood J. R. I., Carruthers T., Anglin N. L., Jarret R. L. & R. W. Scotland (2022):** Discovery and characterization of sweetpotato's closest tetraploid relative. New Phytologist, 234(4): 1185–1194.

**Schilperoord P. (2017):** Kulturpflanzen in der Schweiz – Buchweizen. Verein für alpine Kulturpflanzen, Alvaneu.

**Sonnante G., Pignone D. & K. Hammer (2007):** The Domestication of Artichoke and Cardoon: From Roman Times to the Genomic Age. Annals of Botany, 100: 1095–1100.

**Sosa V., Guevara R., Gutiérrez-Rodríguez B. E. & C. Ruiz-Domínguez (2020):** Optimal areas and climate change effects on dragon fruit cultivation in Mesoamerica. The Journal of Agricultural Science, 158(6): 461–470.

**Spooner D. M., McLean K., Ramsay G., Waugh R. & G. J. Bryan (2005):** A single domestication for potato based on multilocus amplified fragment length polymorphism genotyping. Proceedings of the National Academy of Sciences USA, 102(41): 14694–9.

**Steinecke H., Bayer C. & G. Pohl-Apel (2013):** Aus der Neuen Welt. Palmengarten der Stadt Frankfurt am Main.

**Szot I. & G. P. Łysiak (2022):** Effect of the Climatic Conditions in Central Europe on the Growth and Yield of Cornelian Cherry Cultivars. Agriculture, 12(9): 1295.

**Tarla D. N., Bikomo M. R., Takumbo E. N., Voufo G. & D. A. Fontem (2016):** Climate change and sustainable management of taro (*Colocasia esculenta* [L.] Schott) leaf blight in Western Highlands of Cameroon. Revue Scientifique et Technique Forêt et Environnement du Bassin du Congo, 6: 10–19.

**Warren J. M. (2015):** The Nature of Crops. How We Came to Eat the Plants We Do. Wallingford & Boston: CABI.

**Weiss E., Kislev Mordechai E. & A. Hartmann (2006):** Autonomous Cultivation Before Domestication. Science, 312 (5780): 1608–1610.

**Zeller F. J. (2001): Buchweizen (*Fagopyrum esculentum* Moench):** Nutzung, Genetik, Züchtung. Die Bodenkultur, Band 52(3): 259-276.

## WEBSITES SITES INTERNET

Agroscope: Das Kompetenzzentrum des Bundes für landwirtschaftliche Forschung
Agroscope: le centre de compétence de la Confédération dans le domaine de la recherche agronomique et agroalimentaire
www.agroscope.admin.ch/agroscope/de/home
www.agroscope.admin.ch/agroscope/fr/home

Aktueller Bericht des europäischen Klimawandeldienstes Copernicus
Rapport actuel du service européen sur le changement climatique Copernicus
https://climate.copernicus.eu

Bundesinformationszentrum Landwirtschaft (D): Soja
Centre d'information de l'agriculture: Soja (en allemand)
https://www.landwirtschaft.de/tier-und-pflanze/pflanze/huelsenfruechte/soja-nahrungsmittel-fuer-tier-und-mensch

CABI: NGO im Bereich Landwirtschaft und Biowissenschaften mit Fokus auf biologische Schädlingsbekämpfung
CABI: ONG active dans le domaine de l'agriculture et des sciences biologiques avec accent sur la lutte biologique contre les ravageurs
www.cabi.org

CWR: Crop wild relatives
https://www.infoflora.ch/de/artenschutz/crop-wild-relatives.html
https://www.infoflora.ch/fr/conservation-des-especes/crop-wild-relatives.html

FAO 2009: International year of the potato 2008
www.fao.org/4/i0500e/i0500e.pdf

Historisches Lexikon der Schweiz: Kartoffel
Dictionnaire historique de la Suisse: Pomme de terre
https://hls-dhs-dss.ch/de/articles/013858/2017-11-16
https://hls-dhs-dss.ch/fr/articles/013858/2017-11-16

Informationen zu fast allen Pflanzenarten der Welt Informations concernant presque toutes les espèces végétales du monde
www.worldfloraonline.org

Klimawandel in der Schweiz
Changement climatique en Suisse
www.meteoschweiz.admin.ch/home/klima/klimawandel-schweiz.html
www.meteosuisse.admin.ch/home/climat/changement-climatique-suisse.html

Schweizerischer Getreideproduzentenverband
Fédération suisse des producteurs de céréales
www.sgpv.ch

Weltbiodiversitätsrat (IPBES) Conseil mondial de la biodiversité (IPBES)
https://www.ipbes.net

## IMPRESSUM CONTRIBUTEURS





**HERAUSGEBER ÉDITEUR** Hortus Botanicus Helveticus, www.botanica-suisse.org/hbh www.hortusbotanicushelveticus.ch
**INHALTSKONZEPT, TEXTE CONCEPTION, TEXTES** Beat Fischer, Büro für Angewandte Biologie, Bern; Nicolas Küffer, Botanischer Garten der Universität Bern und Jardin botanique de l'Université de Fribourg
**BEGLEITUNG ACCOMPAGNEMENT** Nicolas Ruch, Gabriela S. Wyss
**PLANUNG, KOORDINATION PLANIFICATION, COORDINATION** Cornelia Schmid, Lemongrass Communications, www.lemongrass.agency
**GESTALTUNGSKONZEPT, SATZ, ILLUSTRATIONEN GRAPHISME, MISE EN PAGE, ILLUSTRATIONS** Charis Arnold Grafikdesign, www.charisarnold.ch
**ÜBERSETZUNG TRADUCTION** F: Anne Berger, Bolligen; I: Alessio Maccagni, Isole di Brissago
**LEKTORAT CORRECTION DES ÉPREUVES** Claudia Marolf, www.notabenet.ch; Jean-Paul Käser, www.jeanpaulkaeser.ch
**KARTE, GRUNDLAGE CARTE, SUR LA BASE DE** swisstopo, eigene Darstellung | swisstopo, illustration propre
**LITHOGRAFIE LITHOGRAPHIE** NeidhartSchön AG, www.nsgroup.ch
**DRUCK IMPRESSION** Gedruckt in der Tschechischen Republik | Imprimé en République tchèque
**VERLAG ÉDITEUR** Haupt Verlag, Bern, www.haupt.ch
**ISBN** 978-3-258-08428-2
**MITARBEIT COOPÉRATION** Anderegg R., Solothurn; Aviolat A., Lausanne/Pont de Nant; Baumeyer A., Basel; Boehi M., Genève; Bredel K., St. Gallen; Buholzer S., Arosa; Callendret M., Meyrin; Chardon N., St. Gallen; Chinchilla D., Porrentruy; Enz P., Arosa; Erny B., Basel; Freyre N., Genève; Gay Völlmy S., Lausanne/Pont de Nant; Gentsch B., Zürich; Graf O., Bern; Jacquemet E., Aubonne; Känel M., Kerzers; Knauer E., Solothurn; Kramer M., Zürich; Kuonen L., Erschmatt; Leuenberger J., Lausanne/Pont de Nant; Lienhard L., Biel; Maccagni A., Isole di Brissago; Möhl A., Bern/Schynige Platte; Monod A., Fribourg; Monod A.-C., Rochers-de-Naye; Müller A., Fribourg; Randin Ch., Champex-Lac; Rembold K., Bern; Reppel F., Davos; Roh L., Champex-Lac; Ruch N., Neuchâtel; Salm M., Grüningen; Sigg P., Aubonne; Treichler R., Wädenswil; Wyss G. S., Zürich
**FOTOGRAFIE, GÄRTEN PHOTOGRAPHIE, JARDINS** Jeweils von jedem Garten zur Verfügung gestellt | mise à disposition par chaque jardin | blickwinkel/R. Koenig: 2, 24–25; B. Fischer: 6–7; blickwinkel/M. Kuehn:136; N. Küffer: 140–141
**ILLUSTRATIONEN ILLUSTRATIONS** Arnold Ch. (2025): 8–19 | Bessler B. (1613), Hortus Eystettensis: 35 | Blanco F. M. (1880–1883), Flora de Filipinas: 39 | Britton N. L. & J. N. Rose (1920), The Cactaceae: 83 | Chaumeton, F. P. (1828–1832), Flore médicale: 51 | Curtis W. (1839), The Botanical Magazine: 71 | Denisse E. (1843–1846), Flore d'Amérique: 105 | Descourtilz M. E. (1827), Flore [pittoresque et] médicale des Antilles: 75 | Gourdon J. & P. Naudin (1865–1871), Nouvelle iconographie fourragère, Atlas: 125 | Host N. T. (1809), Icones et descriptiones graminum austriacorum: 79 | Kerner J. S. (1789, 1793), Abbildungen aller ökonomischen Pflanzen: 55, 113 | Köhlers Medizinal-Pflanzen (1887): 59 | Lindman C. A. M. (1922), Bilder ur Nordens Flora: 43, 93 | Masclef A. (1893), Atlas des plantes de France: 31, 63 | Seikei Zusetsu (1793–1804): 135 | Sweet R. (1827–1829), The British flower garden: 109 | Thomé O. W. (1885), Flora von Deutschland, Österreich und der Schweiz: 67, 89, 97, 101, 121, 129 | Woodville W., Hooker W. J. & G. Spratt (1832), Medical Botany: 47 | Zenker J. C. (1831–1835), Merkantilische Waarenkunde: 117

*Das Projekt BOTANICA wird von Bund, Kantonen, Städten, Stiftungen, Fördervereinen und Sponsoren getragen. Le projet BOTANICA bénéficie du soutien de la Confédération, de cantons, de villes, de fondations, d'associations de promotion et de sponsors.*

MIX
Papier | Fördert gute Waldnutzung
FSC® C010798